目次

成績アップのための学習メソッド ▶ 2 〜

学習内容

ぴたトレ0（スタートアップ）　▶ 6 〜 9

※ぴたトレ1は偶数，ぴたトレ2は奇数ページになります。

定期テスト予想問題　▶ 109 〜 127

解答集　▶ 別冊

[写真提供]

アフロ／アマナイメージズ／NNP／オアシス／コーベット・フォトエージェンシー／シンコーフォト／なぎビカリアミュージアム／ピクスタ／姫路科学館／フォトライブラリー／三笠市立博物館／ミラージュ

キミにあった学習法を
紹介するよ!

成績アップのための 学習メソッド

学習のはじめ

ぴたトレ**0** スタートアップ	この学年の内容に関連した,これまでに習った内容を確認しよう。 学習のはじめにとり組んでみよう。

↓

日常の学習

ぴたトレ**1** 要点チェック	教科書の用語や重要事項を さらっとチェックしよう。 要点が整理されているよ。	ぴたトレ**2** 練習	問題演習をして,基本事項を身に つけよう。ページの下の「ヒント」 や「ミスに注意」も参考にしよう。

1回 **10**分

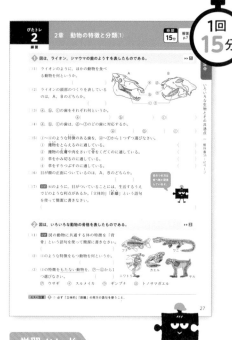

1回 **15**分

➡

学習メソッド

「わかる」「簡単」と思った内容な
ら,「ぴたトレ2」から始めてもいい
よ。「ぴたトレ1」の右ページの「ぴ
たトレ2」で同じ範囲の問題をあつ
かっているよ。

学習メソッド

わからない内容やまちがえた内容
は,必要であれば「ぴたトレ1」に
戻って復習しよう。▶▶**1** のマークが
左ページの「ぴたトレ1」の関連す
る問題を示しているよ。

↓

「学習メソッド」を使うとさらに効率的・効果的に勉強ができるよ！

ぴたトレ3
確認テスト

テスト形式で実力を確認しよう。まずは,目標の70点を目指そう。
「定期テスト予報」はテストでよく問われるポイントと対策が書いてあるよ。

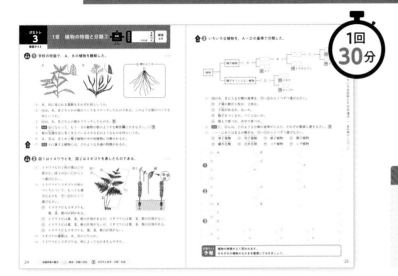

1回 30分

学習メソッド

テスト前までに「ぴたトレ1〜3」のまちがえた問題を復習しておこう。

テスト前

定期テスト予想問題

テスト前に広い範囲をまとめて復習しよう。
まずは,目標の70点を目指そう。

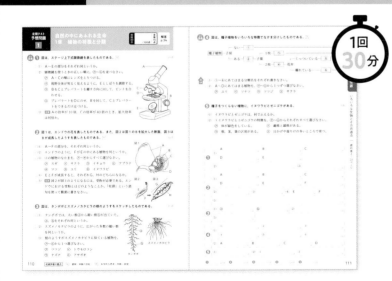

1回 30分

学習メソッド

さらに上を目指すキミは「点UP」にもとり組み,まちがえた問題は解説を見て,弱点をなくそう。

次のページへ続くよ

〔効率的・効果的に学習しよう!〕

✕ 同じまちがいをくり返さないために

まちがえた問題は, 別冊解答の「考え方」を読んで, どこをまちがえたのか確認しよう。

 ## 効率的に 勉強するために

各ページの解答時間を目安にしてとり組もう。まちがえた問題のチェックボックスにチェックを入れて, 後日復習しよう。

 ## 理科に特徴的な問題の ポイントを押さえよう

計算, 作図, 記述 の問題にはマークが付いているよ。何がポイントか意識して勉強しよう。

 ## ☑ 観点別に自分の学力をチェックしよう

学校の成績はおもに,「知識・技能」「思考・判断・表現」といった観点別の評価をもとにつけられているよ。
一般的には「知識」を問う問題が多いけど, テストの問題は, これらの観点をふまえて作られることが多いため,「ぴたトレ3」「定期テスト予想問題」でも「知識・技能」のうちの「技能」と「思考・判断・表現」の問題にマークを付けて表示しているよ。自分の得意・不得意を把握して成績アップにつなげよう。

 ## 付録も活用しよう

ぴたトレ minibook × 赤シート

持ち歩きしやすいミニブックに, 理科の重要語句などをまとめているよ。スキマ時間やテスト前などに, サッとチェックができるよ。

 中学ぴたサポアプリ

スマホで一問一答の練習ができるよ。スキマ時間に活用しよう。

〔 勉強のやる気を上げる**4**つの工夫 〕

1 "ちょっと上"の目標をたてよう

頑張ったら達成できそうな,今より"ちょっと上"のレベルを目標にしよう。目指すところが決まると,そこに向けてやる気がわいてくるよ。

2 無理せず続けよう

勉強を続けると,「続けたこと」が自信になって,次へのやる気につながるよ。「ぴたトレ理科」は1回分がとり組みやすい分量だよ。無理してイヤにならないよう,あまりにも忙しいときや疲れているときは休もう。

3 勉強する環境を整えよう

勉強するときは,スマホやゲームなどの気が散りやすいものは遠ざけておこう。

4 とりあえず勉強してみよう

やる気がイマイチなときも,とりあえず勉強を始めるとやる気が出てくるよ。
わからない問題にいつまでも時間をかけずに,解答と解説を読んで理解して,また後で復習しよう。「ぴたトレ理科」は細かく範囲が分かれているから,「できそう」「興味ありそう」な内容からとり組むのもいいかもね。

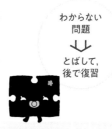

( )にあてはまる語句を答えよう。

1．植物の体の共通点と相違点

【小学校5年】植物の発芽，成長，花から実へ

□花には，めしべ，おしべ，花びら，がくがある。

□めしべの先に，おしべの①( )がつくことを
受粉という。

□受粉すると，めしべのふくらんだ部分が育って
②( )になり，その中に③( )ができる。

【小学校3年】身のまわりの生物

□植物の③が発芽すると，はじめに④( )が出て，
その後に葉が出てくる。

□植物の体は，⑤( )・茎・葉からできている。

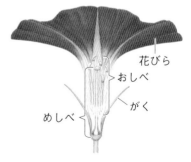

アサガオの花のつくり

花びら
おしべ
がく
めしべ

2．動物の体の共通点と相違点

【小学校3年】身のまわりの生物

□昆虫の成虫の体は，頭，胸，腹からできていて，
胸には6本の①( )があり，
はねがついているものもいる。

【小学校4年】ヒトの体のつくりと運動

□ヒトや動物の体には，②( )や筋肉，
関節があり，これらのはたらきによって，
体を動かすことができる。

【小学校6年】ヒトの体のつくりとはたらき

□ヒトの③( )や口から入った空気は，
気管を通って④( )に入る。

□空気中の⑤( )の一部が，④の血管を流れる
⑥( )にとり入れられ，全身に運ばれる。
また，全身でできた⑦( )は
血液にとり入れられて④まで運ばれ，血液から出されて，
はく息によって体外にはき出される。

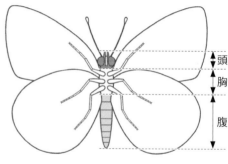

チョウの体のつくり

頭
胸
腹

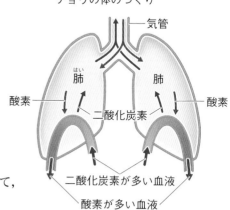

気管
肺
肺
酸素
酸素
二酸化炭素
二酸化炭素が多い血液
酸素が多い血液
肺での空気の交換

【小学校5年】動物の誕生

□メダカの受精したたまご(卵)は，中で少しずつ変化して，やがて子メダカが誕生する。

□ヒトは，受精してから約38週間，母親の⑧( )で育ち，誕生する。母親の体内では，
⑧の壁にある胎盤から，へその緒を通して養分などを受けとる。

（　）にあてはまる語句を答えよう。

１．身のまわりの物質とその性質
／　２．気体の発生と性質

【小学校３年】電気の通り道，磁石の性質

□鉄や銅，アルミニウムなどを ①（　　　　　　　）という。

①は電気を通す性質がある。

□磁石は ②（　　　　　　　）でできたものを引きつける。

【小学校３年】ものと重さ

□ものの形を変えても，ものの ③（　　　　　　　）は変わらない。

また，体積が同じでも，ものの種類によって③はちがう。

形を変えたときの重さ

【小学校６年】ものが燃えるしくみ

□空気は，おもに ④（　　　　　　　）や酸素などの気体が混ざってできている。

□ろうそくや木などが燃えると，空気中の ⑤（　　　　　　　）の一部が使われて，

⑥（　　　　　　　）ができる。

３．水溶液

【小学校５年】もののとけ方

□ものが水にとけた液のことを ①（　　　　　　　）という。

①はすき通っていて，とけたものが液全体に広がっている。

□ものが水にとける量には限りがある。水の量をふやすと，

ものが水にとける量も ②（　　　　　　　）。

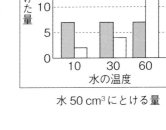

水 50 cm³ にとける量

□水の温度を上げたとき，食塩が水にとける量は

変わらないが，ミョウバンが水にとける量は

③（　　　　　　　）。

□①の温度を下げたり，①から水を ④（　　　　　）させたりすると，

水にとけていたものをとり出すことができる。

□ろ紙でこして，固体と液体を分けることを ⑤（　　　　　　　）という。

４．状態変化

【小学校４年】水と温度

□水を熱して 100 ℃近くになると，さかんに泡を出してわき立つ。

これを ①（　　　　　　　）という。①している間，水の温度は変わらない。

□水は蒸発して，空気中に出ていく。空気中の ②（　　　　　　　）は，冷やされると水になる。

□水を冷やして 0 ℃になると，水は ③（　　　　　　　）になる。水がすべて③になるまで，

水の温度は変わらない。

( ) にあてはまる語句を答えよう。

1．身近な地形や地層

【小学校6年】土地のつくりと変化

□崖などで見られる，しま模様の層の重なりを①（　　　　　）という。

□①は，れき・砂・泥・火山灰などが積み重なってできている。

□①にふくまれる，大昔の生物の体や生活のあとなどが残ったものを
②（　　　　　）という。

地層

2．地震の伝わり方と地球内部のはたらき

【小学校6年】大地のつくりと変化

□地震のときに，大きな力がはたらいてできる大地のずれを①（　　　　　）という。
地震が起こると，地割れが生じたり，崖がくずれたりして，大地のようすが
変化することがある。

3．火山活動と火成岩

【小学校6年】大地のつくりと変化

□火山活動によって，火山灰や①（　　　　　）がふき出す
などして，大地のようすが変化することがある。

□火山の噴火によってふき出された火山灰などが積もり，
地層ができる。

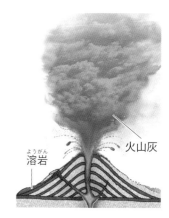

溶岩　火山灰

火山の噴火

4．地層の重なりと過去のようす

【小学校5年】流れる水のはたらきと大地の変化

□流れる水には，地面をけずったり，土を運んだり，積もらせたりするはたらきがある。
地面をけずるはたらきを①（　　　　　），土を運ぶはたらきを②（　　　　　），
土を積もらせるはたらきを③（　　　　　）という。

【小学校6年】大地のつくりと変化

□流れる水のはたらきによって②されたれき・砂・泥などは，層になって水底に③し，
このようなことがくり返されて④（　　　　　）ができる。

□③したれき・砂・泥などは，固まると岩石になる。れきが砂などと混じり固まって
できた岩石を⑤（　　　　　），砂が固まってできた岩石を⑥（　　　　　），
泥などの細かい粒が固まってできた岩石を⑦（　　　　　）という。

ぴたトレ 0
スタートアップ

エネルギー 身のまわりの現象（光・音・力）の学習前に

（　）にあてはまる語句を答えよう。

1．光の性質

【小学校3年】光の性質

□日光（太陽の光）は，まっすぐに進む。また，日光は，鏡ではね返すことができ，はね返した日光も，①（　　　　　　　　）に進む。

□虫眼鏡を使うと，小さいものを②（　　　　　　　　）見ることができる。

□虫眼鏡を使うと，日光を集めることができる。
日光を集めたところを小さくするほど，日光が当たったところは，より③（　　　　　　　　），熱くなる。

鏡ではね返した日光

3．力のはたらき

【小学校3年】風やゴムの力のはたらき

□風の力で，ものを動かすことができる。風が強くなるほど，ものを動かすはたらきは①（　　　　　　　　）なる。

□ゴムの力で，ものを動かすことができる。ゴムを長くのばすほど，ものを動かすはたらきは②（　　　　　　　　）なる。

【小学校3年】磁石の性質

□磁石のちがう極どうしは③（　　　　　　　）合い，
同じ極どうしは④（　　　　　　　）合う。

【小学校6年】てこの規則性

□てこの支点から力点までの距離が⑤（　　　　　　　）ほど，
小さい力でものを持ち上げることができる。
また，てこの支点から作用点までの距離が⑥（　　　　　　　）ほど，
小さい力でものを持ち上げることができる。

□てこのうでを傾けるはたらきが支点の左右で等しいとき，
てこは水平になって⑦（　　　　　　　　）。

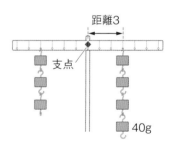

距離3
支点
40g

てこのつり合い

生物の観察(1)

( )と□□□にあてはまる語句を答えよう。

1 身のまわりの生物の観察 ▶▶①

□(1) 校庭や学校のまわりにいる生物をさがす。日なたとその反対の①( )，乾いているところとその反対の②( )ところなど，いろいろな場所を調べ，どこにどのような生物がいたかを地図に記録する。

□(2) 見つけた生物の１つを右の写真のような③( )で拡大して観察し，スケッチする。

□(3) ルーペは持ち運びしやすく，④( )での観察に適している。

□(4) 目を痛めるので，ルーペで⑤( )を見てはいけない。

□(5) ルーペは，⑥( )に近づけて使う。

□(6) 図の⑦〜⑧

●観察するものが動かせるとき

⑦[   ]する
ものを前後に動かして，
ピントを合わせる。

●観察するものが動かせないとき

観察するものに
⑧[   ]が
近づいたり離れたりして，ピントを合わせる。

2 スケッチのしかた ▶▶②

□(1) スケッチは，見えるものすべてをかくのではなく，①( )とするものだけを対象にして，正確にかく。

□(2) 図の②〜③

まわりのようすや気づいたことを記録する。

細い線と小さな点ではっきりとかく。

日時や②[   ]を記録する。

◯ よい例

縦に細いすじがある。
拡大すると細かい毛がある。

白い綿毛

4月22日　午前11時
くもり

✕ 悪い例

線を二重がきしたり，③[   ]をつけたりしない。

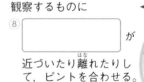

要点
●ルーペは目に近づけて使う。
●スケッチは，目的とするものだけを対象とする。

生物の観察(1)

❶ ルーペを使って，タンポポの花のようすを観察した。 ▶▶ **1**

□(1) 野外での観察にルーペが適している理由を，⑦〜ⓔから1つ選びなさい。（　　）

 ⑦ 観察するものを立体的に観察できるから。

 ⑦ 拡大倍率が大きいから。

 ⑦ 観察できる範囲が広いから。

 ⓔ 持ち運びしやすいから。

ルーペは，双眼実体顕微鏡（そうがんじったいけんびきょう）や顕微鏡よりずっと小さいね。

□(2) 記述 ルーペで太陽を見てはいけない理由を，「目」という語句を使って簡潔に書きなさい。

（　　　　　　　　　　　　　　　　　　　　　　　　　　　　　　）

□(3) タンポポの花の集まりをルーペで観察した。このときの目・ルーペ・タンポポの花の集まりの適当な位置を示したものを，⑦〜ⓔから1つ選びなさい。（　　）

⑦
⑦
⑦
ⓔ

❷ タンポポの花のようすを観察して，スケッチした。 ▶▶ **2**

□(1) スケッチのしかたとして適当なものを，⑦〜ⓔからすべて選びなさい。（　　）

 ⑦ 生活している場所がわかるように，まわりのようすもかきこむ。

 ⑦ 目的とするものだけをかく。

 ⑦ 細い線と小さな点ではっきりとかく。

 ⓔ 太い線で大きくかく。

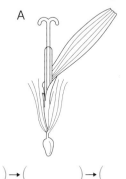
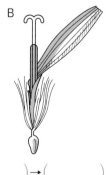
A　B

□(2) タンポポの花のスケッチとして適当なものは，A，Bのどちらか。（　　）

□(3) 観察の進め方の順になるように，⑦〜⑦を並べなさい。

（　　　）→（　　　）→（　　　）→（　　　）→（　　　）

 ⑦ いつ，どこで，何を観察するかを決める。

 ⑦ 新しい疑問の探究を行う。

 ⑦ 観察したことや気づいたこと，話し合ったことをもとに自分の考えをまとめる。

 ⓔ 観察した結果をスケッチしたり，特徴を整理したりする。

 ⑦ 疑問点や不思議に思ったことを調べたり，ほかの人と意見を交換したりする。

ミスに注意 ❶ (2) 理由を問われているので，「〜ので。」「〜から。」「〜ため。」のように答える。

( )と□にあてはまる語句を答えよう。

1 双眼実体顕微鏡を使った観察 ▶▶❶

□(1) 拡大倍率＝接眼レンズの倍率① ( )対物レンズの倍率

□(2) 双眼実体顕微鏡：図の②～⑤

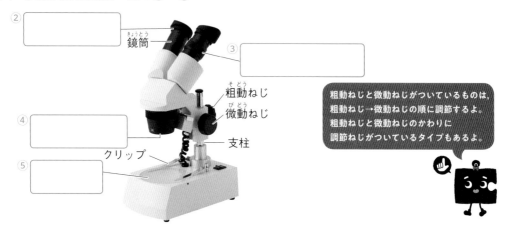

②
鏡筒
③
粗動ねじ
微動ねじ
④
クリップ
支柱
⑤

粗動ねじと微動ねじがついているものは，粗動ねじ→微動ねじの順に調節するよ。粗動ねじと微動ねじのかわりに調節ねじがついているタイプもあるよ。

□(3) ❶ 左右の⑥ ( )レンズが自分の目の幅に合うように鏡筒を調節する。

❷ 粗動ねじをゆるめ，観察物の大きさにあわせて鏡筒を上下させる。
右目でのぞきながら⑦ ( )ねじを回して，ピントを合わせる。

❸ 左目でのぞきながら，⑧ ( )を回してピントを合わせる。

□(4) 運ぶときは両手で持ち，体に密着させる。置くときは水平なところに静かに置く。
ステージには黒い面と白い面があるので，観察しやすい面を使う。

2 レポートの作成 ▶▶❷

□(1) レポートは，「目的」→（「仮説」→）「準備」→「①( )」→「結果」→「考察」の順に記録する。

□(2) 「目的」は何を知るために行ったのか，②( )的に書く。

□(3) 「結果」は③( )だけを書き，図や表を使ってわかりやすく記録する。

□(4) 「考察」は，結果から考えたことをもとに，④( )を明らかにして書く。

要点
●拡大倍率＝接眼レンズの倍率×対物レンズの倍率。
●レポートは，「目的」「準備」「方法」「結果」「考察」の順に記録する。

ぴたトレ 2 練習 生物の観察(2)

時間 **15分**　解答 p.2

❶ 図は小さな生物などを拡大して観察する器具である。　▶▶ **1**

□(1) 図の器具を何というか。

（　　　　　　　　　　　　）

□(2) 次の文の（　）に当てはまる語句を選び，丸で囲みなさい。

　図の器具は，観察物を（ 平面・立体 ）的に観察する

ためのものである。

□(3) A，Bのレンズを何というか。

A（　　　　　　　　　　）

B（　　　　　　　　　　）

□(4) ピントを調節する際に，CとDのねじはどちらを先に調節

するか。　　　（　　　　　　　　　）

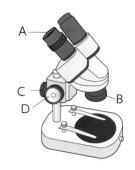

AとBをとりつける順があるのは，ほこりが入らないようにするためだよ。

□(5) 図の器具についてまちがっているものを，㋐〜㋒から

1つ選びなさい。　　　（　　　）

　㋐　持ち運ぶときは，両手で持ち体に密着させる。

　㋑　Aのレンズ，Bのレンズの順にとりつける。

　㋒　Bのレンズを高倍率にすると，視野が広く明るく

なる。

□(6) [計算] 図のレンズAの倍率が10倍，レンズBの倍率が4倍

の場合，拡大倍率は何倍か。　　　（　　　　　　　　）

❷ レポートの作成のしかたをまとめた。　▶▶ **2**

□(1) レポートに書く順に，㋐〜㋕を並べなさい。

（　　　）→（　　　）→（　　　）→（　　　）→（　　　）

　㋐　結果　　㋑　目的　　㋒　準備　　㋓　考察　　㋔　方法

□(2) レポートのまとめ方として適当でないものを，㋐〜㋓から1つ選びなさい。　　（　　　）

　㋐　何を知るためにこの観察や実験を行ったのか，目的を具体的に書く。

　㋑　結果は，図や表を使ってわかりやすくまとめる。

　㋒　結果には，自分の考えや疑問点も書いておく。

　㋓　考察は，結果から考えたことをもとに，根拠を明らかにして書く。

ヒント ❶ (6)「拡大倍率＝接眼レンズの倍率×対物レンズの倍率」に値（あたい）を当てはめて計算する。

1. 植物の体の共通点と相違点(1)

（　）と □ にあてはまる語句を答えよう。

1 花のつくり

□(1) 花弁が1枚1枚離れている花を離弁花という。

□(2) 花弁がたがいにくっついている花を合弁花という。

□(3) おしべの先端にある小さな袋を ①（　　　　　）といい, 中に ②（　　　　　）が入っている。

□(4) めしべの先端を ③（　　　　　）といい, ねばりけがあり, 花粉がつきやすくなっている。

□(5) めしべの根もとのふくらんだ部分を ④（　　　　　）といい, 中に ⑤（　　　　　）とよばれる粒がある。

□(6) 胚珠が子房の中にある植物を ⑥（　　　　　　　）という。

□(7) 図の⑦〜⑩

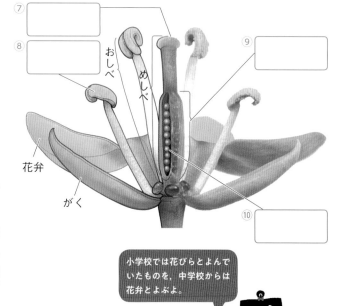

おしべ　めしべ
花弁
がく

⑦　⑧　⑨　⑩

小学校では花びらとよんでいたものを, 中学校からは花弁とよぶよ。

2 花の変化

□(1) 花粉がめしべの柱頭につくことを ①（　　　　　）という。

□(2) 受粉すると, めしべの根もとの子房は成長して ②（　　　　　）となり, 子房の中の胚珠は ③（　　　　　）になる。花は子孫をふやすはたらきをしている。

□(3) 図の④〜⑦

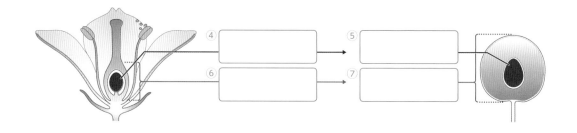

④　⑤　⑥　⑦

要点	●花弁が離れている花を離弁花, 花弁がくっついている花を合弁花という。 ●受粉すると, 胚珠が種子, 子房が果実になる。

1 ツツジとエンドウの花を分解し，図1のように台紙にはった。　▶▶ **1**

□(1) A～Dの名称を書きなさい。

A（　　　　　　）
B（　　　　　　）
C（　　　　　　）
D（　　　　　　）

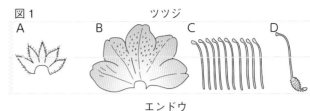

図1　ツツジ
A　B　C　D

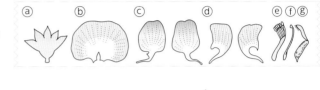

エンドウ
ⓐ　ⓑ　ⓒ　ⓓ　ⓔⓕⓖ

□(2) 花の中心にあるものから順に，A～Dの記号を並べなさい。

（　　　　）→（　　　　）
→（　　　　）→（　　　　）

□(3) Bにあたるものは，ⓐ～ⓖのどれか。すべて選びなさい。（　　　　　　　　）

□(4) ツツジとエンドウのような花弁のつくりをした花をそれぞれ何というか。

① ツツジ　（　　　　　　　　）

② エンドウ（　　　　　　　　）

□(5) 図2は，図1のⓖの断面を表したものである。

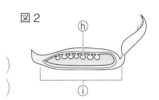

図2

① 小さな粒ⓗを何というか。　（　　　　　　）

② ふくらんだ部分ⓘを何というか。　（　　　　　　）

2 図1はサクラの花，図2はサクラの花が変化してできたものの模式図である。　▶▶ **2**

□(1) 花粉は，おしべの何とよばれる部分から出るか。

（　　　　　　）

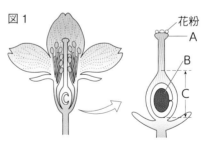

図1

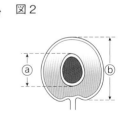

花粉
A
B
C

図2
ⓐ　ⓑ

□(2) 図2のⓐ，ⓑの部分を，それぞれ何というか。

ⓐ（　　　　　　）

ⓑ（　　　　　　）

□(3) ⓐ，ⓑは，それぞれ図1のA～Cのどの部分が成長したものか。

ⓐ（　　　　）　ⓑ（　　　　）

ⓐはⓑの中にあるね。

□(4) 記述 図1が図2のように変化するには，どのようなことが必要か。「花粉」という語句を使って簡潔に書きなさい。

（　　　　　　　　　　　　　　　　　　　　　　　　）

ヒント **1** (2) ふつう，花は，外側から，がく，花弁，おしべ，めしべの順についている。

ミスに注意 **2** (4) 「どのようなこと」とあるので，文末を「こと。」や「ことが必要。」のように答える。

1. 植物の体の共通点と相違点(2)

（　）と□□□にあてはまる語句を答えよう。

1 マツのなかま　▶▶①

□(1)　マツの雌花のりん片には①（　　　　　）がなく，②（　　　　　）がむきだしでついている。

□(2)　マツの雄花のりん片には③（　　　　　）があり，中に④（　　　　　）が入っている。

□(3)　図の⑤〜⑧

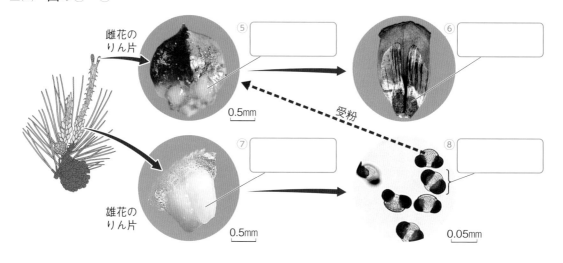

雌花の
りん片

⑤ □□□

受粉

⑦ □□□

0.5mm

⑥ □□□

⑧ □□□

雄花の
りん片

0.5mm

0.05mm

2 種子でふえる植物　▶▶②

□(1)　マツやスギ，イチョウ，ソテツのように，
①（　　　　　）がむきだしになっている
植物を②（　　　　　）という。

□(2)　②は子房がないので，受粉後，
③（　　　　　）はできない。

□(3)　アブラナやツツジ，イネのように，胚
珠が④（　　　　　）の中にある植物を
⑤（　　　　　）という。

□(4)　種子をつくってなかまをふやす植物を
⑥（　　　　　）という。

□(5)　図の⑦〜⑨

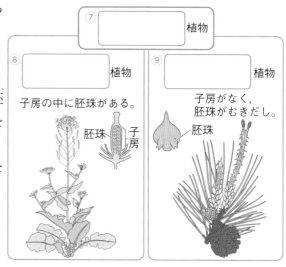

⑦ □□□ 植物

⑧ □□□ 植物

子房の中に胚珠がある。

胚珠　子房

⑨ □□□ 植物

子房がなく，
胚珠がむきだし。

胚珠

要点　●マツの雌花には胚珠がむきだしでついていて，雄花には花粉のうがある。
　　　●被子植物と裸子植物をまとめて種子植物という。

1. 植物の体の共通点と相違点(2)

時間 **15**分
解答 p.3

❶ 図1は，マツの枝のようすを表したものである。また，A～Dはその一部を拡大 ▶▶ **1**
したものである。

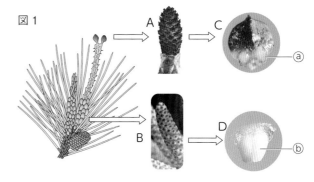

図1

□(1) 図1のA，Bをそれぞれ何とい
うか。

A（　　　　　）

B（　　　　　）

□(2) 図1のⓐ，ⓑをそれぞれ何とい
うか。

ⓐ（　　　　　）

ⓑ（　　　　　）

□(3) 図2は，マツの花粉を表したものである。

① マツの花粉が入っているのは，図1のⓐ，ⓑのどちらか。（　　　　　）

② マツの花粉が図2のような形をしているのは，花粉が何によって運ば
れるためか。⑦～⑤から1つ選びなさい。　　　　　（　　　　　）

⑦ 風　　⑦ 鳥　　⑤ 雨水　　⑤ 昆虫

図2

❷ Aはイチョウの雌花，Bはアブラナのめしべの断面を表したものである。 ▶▶ **2**

□(1) イチョウの雌花について適当なものを，⑦～⑤から1つ
選びなさい。　　　　　　　　　　　　　　（　　　　　）

⑦ 花弁もがくもある。

⑦ 花弁もがくもない。

⑤ 花弁はあるが，がくがない。

⑤ 花弁はないが，がくがある。

A　　　　　　　　　　　　B

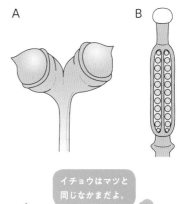

□(2) イチョウとアブラナは，どちらも種子をつくってなか
まをふやす。このような植物のなかまを何というか。

（　　　　　　　）

イチョウはマツと
同じなかまだよ。

□(3) 記述 (2)を大きく2つのグループに分けたとき，イチョウとアブ
ラナは別々のグループに入る。分類の基準を，「子房」「胚珠」
という語句を使って，簡潔に書きなさい。

（　　　　　　　　　　　　　　　　　　　　　　　　　）

□(4) (2)のうち，①イチョウ，②アブラナのような植物のなかまをそれぞれ何というか。

①（　　　　　）　　②（　　　　　）

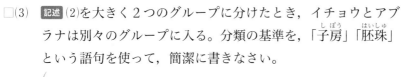

ヒント ❶(3) 図2には空気袋(くうきぶくろ)が見られる。

ミスに注意 ❷(3) 「子房」「胚珠」の両方の語句を必ず使うこと。

17

生物の観察
1. 植物の体の共通点と相違点①

時間30分　/100点　合格70点　解答p.4

❶ **図は，いろいろな観察に使われるルーペである。** 10点

□(1) ルーペを使って観察するのに適したものを，⑦〜⑨からすべて選びなさい。

　⑦　月の表面の観察　　④　野外での岩石の観察

　⑨　花の内部の観察

□(2) 観察するものが動かせるとき，ルーペの使い方として適当なものを，⑦〜①から１つ選びなさい。技

　⑦　頭を動かさず，ルーペと観察するものを前後させる。

　④　ルーペと観察するものを近づけたまま動かさず，顔を前後させる。

　⑨　観察するものを動かさず，顔とルーペを近づけたまま前後させる。

　①　ルーペを顔に近づけたまま動かさず，観察するものを前後させる。

❷ **図の公園で生物の観察を行った。** 16点

□(1) 記述 図の２地点Ａ・Ｂの「日当たり」と「土のしめり具合」はどのようにちがうか。簡潔に書きなさい。思

□(2) 植物などのスケッチのしかたとして適当なものを，⑦〜①から１つ選びなさい。技

　⑦　対象とするものだけをかき，ほかの生物はかかない。

　④　記録は絵だけで行い，言葉は使わない。

　⑨　かげをつけて立体的にかく。

　①　太い線ではっきりとかく。

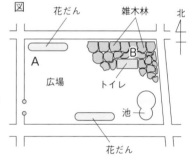

図　花だん　雑木林　北　Ａ　広場　トイレ　Ｂ　池　花だん

❸ **図は，ある観察のときの双眼実体顕微鏡の視野を表したものである。** 技 18点

□(1) 図の視野を観察に適した状態にするには，何を調節すればよいか。⑦〜①から１つ選びなさい。

　⑦　視度調節リング　　④　接眼レンズ(鏡筒)

　⑨　微動ねじ　　①　対物レンズ

□(2) 記述 双眼実体顕微鏡による試料の見え方には，ルーペや顕微鏡などと比べてどのような特徴があるか。簡潔に書きなさい。

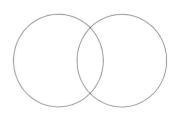

成績評価の観点　技…観察・実験の技能　思…科学的な思考・判断・表現

④ **図1はエンドウの花，図2はタンポポの花のつくりをスケッチしたものである。**

33点

□(1) ⓐ～ⓓの部分は，ⓔ～ⓗのいずれか
の部分に対応する。ⓑの部分に対応
するのは，ⓔ～ⓗのどの部分か。思

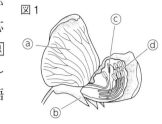

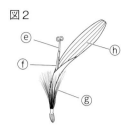

□(2) 次の文の ① ， ② に入るⓐ～
ⓓの記号と， ③ にあてはまる語
句をそれぞれ書きなさい。

　　 ① にある花粉が ② の部分につくことを ③ という。

点UP □(3) 花弁のようすに注目したとき，図1，図2のような花をそれぞれ何というか。

⑤ **図1は，マツの花とそのりん片，図2は，アブラナの花のつくりを表したもの
である。**

23点

□(1) マツの雌花のりん片についているⓐの部分
は，ⓒ～ⓕのどの部分に対応するか。

□(2) マツの雄花のりん片についているⓑの部分
を何というか。

□(3) 記述 マツとアブラナに共通する性質を，簡
潔に書きなさい。

□(4) 花のつくりがマツに似ているものを，⑦～
㋑から1つ選びなさい。

　　⑦ イネ　　㋑ ツツジ

　　㋒ スギ　　㋓ サクラ

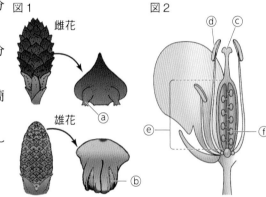

❶	(1)	5点	(2)	5点		
❷	(1)			10点	(2)	6点
❸	(1)	6点				
	(2)					12点
❹	(1)	5点	(2) ①	5点	②	5点 ③	6点
	(3) 図1	6点	図2			6点
❺	(1)	5点	(2)			6点
	(3)					7点
	(4)	5点				

定期テスト
予報 離弁花と合弁花，被子植物と裸子植物のちがいがよく問われます。
それぞれの特徴を整理しておきましょう。

19

（　）と□□□にあてはまる語句を答えよう。

1 子葉，葉，根のつくり　▶▶❶

□(1) ツユクサやトウモロコシのように，子葉が1枚のなかまを① （　　　　　　　　），アサガオやタンポポのように，子葉が2枚のなかまを② （　　　　　　　　）という。

□(2) 葉に見られるすじのようなつくりを③ （　　　　　　　）という。

□(3) 根の先端近くに多く生えている小さな毛のようなものを根毛という。

□(4) 図の④〜⑥

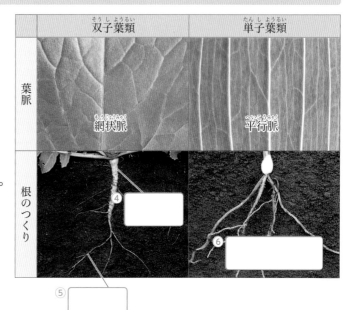

双子葉類	単子葉類
葉脈 網状脈	平行脈

根のつくり

④ □□□□□□
⑤ □□□□□□
⑥ □□□□□□

2 種子をつくらない植物　▶▶❷

□(1) 種子をつくらない植物は，① （　　　　　　　）という袋の中にある② （　　　　　　　）でふえる。

□(2) シダ植物には葉，茎，根の区別が③ （　　　　　　　）が，コケ植物には④ （　　　　　　　）。

□(3) 図の⑤〜⑩

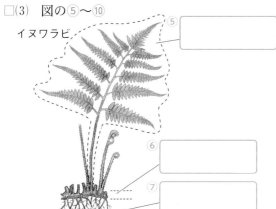

イヌワラビ
⑤ □□□□□□
⑥ □□□□□□
⑦ □□□□□□

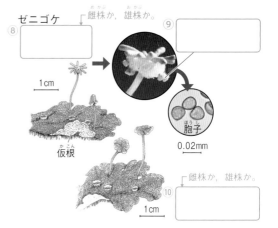

ゼニゴケ
⑧ 雌株か，雄株か。□□□□□□
1cm
仮根
⑨ 雌株か，雄株か。□□□□□□
胞子
0.02mm
⑩ 雌株か，雄株か。□□□□□□
1cm

要点	●双子葉類は葉脈が網状脈で主根・側根。単子葉類は葉脈が平行脈でひげ根。 ●シダ植物とコケ植物は胞子でふえる。

❶ 図1は，2種類の植物の根のつくりを表したものである。図2は，図1の2種類
の植物のどちらかの葉脈のようすを表したものである。　▶▶ **1**

□(1) Aのような根を何というか。
（　　　　　　）

□(2) Bに見られる太い根ⓐ，そこから枝分かれした
細い根ⓑをそれぞれ何というか。
ⓐ（　　　　　）　ⓑ（　　　　　）

□(3) A，Bの植物の子葉はそれぞれ何枚か。
A（　　　　　）　B（　　　　　）

□(4) A，Bのような植物をそれぞれ何類というか。
A（　　　　　）　B（　　　　　）

□(5) Cのような葉脈を何というか。
（　　　　　　）

□(6) Cのような葉脈をもつ植物は，A，Bのどちらか。
（　　　　　　）

□(7) 作図 ツユクサの葉脈のようすはCとは異なる。
ツユクサの葉脈のようすを，Dにかきなさい。

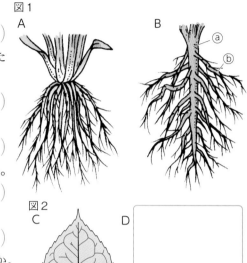

図1

A　　　B

ⓐ
ⓑ

図2

C　　　D

❷ 図は，イヌワラビのつくりを表したものである。　▶▶ **2**

□(1) 土の中のAは何か。㋐〜㋒から1つ選
びなさい。　（　　　　　）
㋐ 葉　　㋑ 茎　　㋒ 根

□(2) 葉の裏に多数見られるBを何というか。
（　　　　　　）

□(3) Bを乾燥させると，はじけてCが飛び
出した。Cを何というか。
（　　　　　　）

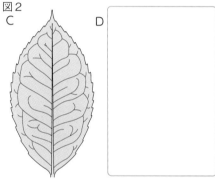

イヌワラビ

葉の裏

B

C

A

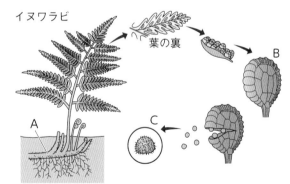

□(4) イヌワラビやゼンマイのような植物のなかまを何というか。（　　　　　　　）

□(5) 記述 イヌワラビとゼニゴケのちがいを，「葉，茎，根」という語句を使って，簡潔に書き
なさい。
（　　　　　　　　　　　　　　　　　　　　　　　　　　　　　　　　　　）

ヒント ❶ (4) 被子(ひし)植物を子葉の数にちなんで2つに分類した名前である。
ミスに注意 ❷ (5) イヌワラビとゼニゴケの両方について説明する。

1. 植物の体の共通点と相違点(4)

（　）と□□□にあてはまる語句を答えよう。

1 植物の分類　▶▶❶

□(1)　植物は，①（　　　　　　　　）と種子をつくらない植物に分類できる。

□(2)　種子植物は，②（　　　　　　　）があるかないかによって，被子植物と裸子植物に分類できる。

> 双子葉類の「双」は「2つ」っていう意味だよ。

□(3)　被子植物は，③（　　　　　　　），葉脈，根のつくりによって，単子葉類と双子葉類に分類できる。

□(4)　双子葉類は，花弁に注目すると，花弁が1つにくっついている合弁花類と，花弁が1枚1枚離れている離弁花類に分類できる。

□(5)　図の④〜⑩

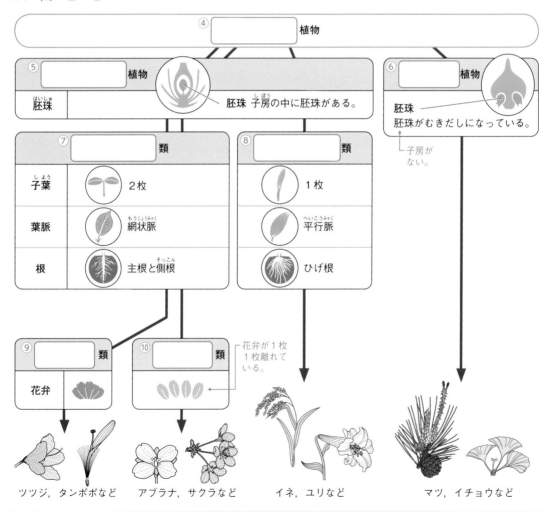

④　□　　　　　　　植物

⑤　□　　　　　植物
胚珠　子房の中に胚珠がある。

⑥　□　　　　植物
胚珠　胚珠がむきだしになっている。
子房がない。

⑦　□　　　　類
子葉	2枚
葉脈	網状脈
根	主根と側根

⑧　□　　　　類
子葉	1枚
葉脈	平行脈
根	ひげ根

⑨　□　　　　類
| 花弁 |

⑩　□　　　　類
花弁が1枚1枚離れている。

ツツジ，タンポポなど　　アブラナ，サクラなど　　イネ，ユリなど　　マツ，イチョウなど

要点
●子房があるかないか→子葉の数→花弁のようすの順に分けていく。
●シダ植物とコケ植物は，根，茎，葉の区別があるかないかで分ける。

1 図1は，植物の分類を表したものである。図2は，図1のA-2に分類される植物のグループの葉脈(ようみゃく)と根のようすを表したものである。　▶▶ 1

図1

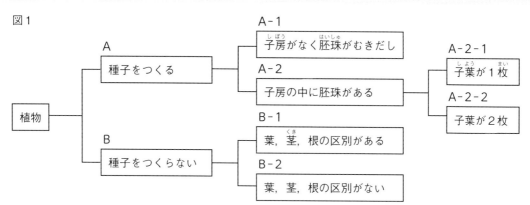

□(1) Bのグループは，何をつくってなかまをふやすか。
（　　　　　　　　　）

□(2) A-2，B-2，A-2-1に分類される植物のグループの名前をそれぞれ書きなさい。

A-2（　　　　　　）
B-2（　　　　　　）
A-2-1（　　　　　　）

□(3) A-1，B-1に分類される植物を，㋐〜㋔から1つずつ選びなさい。

A-1（　　　）　B-1（　　　）

㋐ ユリ　㋑ サクラ　㋒ ゼンマイ
㋓ スギ　㋔ ゼニゴケ

図2

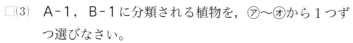

□(4) 図2の@，⒝の葉脈をそれぞれ何というか。
@（　　　　　　）⒝（　　　　　　）

□(5) A-2-1に分類される植物のグループの葉脈のようすは，@，⒝のどちらに似ているか。　（　　　）

□(6) A-2-1に分類される植物のグループの根のようすは，ⓒ，ⓓのどちらに似ているか。　（　　　）

子葉が1枚なのは単子葉類(たんしようるい)だね。

□(7) (6)のような根を何というか。　（　　　　）

□(8) 記述 A-2-2は，どのような基準によってさらに2つに分けることができるか。「花弁(かべん)」という語句を使って簡潔に書きなさい。

（　　　　　　　　　　　　　　　　　　　　　　　　　　　　　　　）

ヒント 1 (3) A-1は裸子(らし)植物，B-1はシダ植物である。

ミスに注意 1 (8) それぞれのグループの花弁の特徴(とくちょう)を説明する。

時間30分 ／100点　合格70点　解答p.6

よく出る ❶ 学校の校庭で，A，Bの植物を観察した。　　　　　　　41点

A
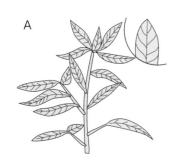

B
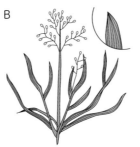

ⓐ 根のようす
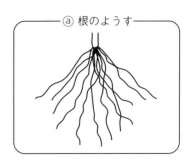

□(1)　A，Bに見られる葉脈(ようみゃく)をそれぞれ何というか。

□(2)　ⓐは，A，Bどちらかの根のつくりをスケッチしたものである。このような根のつくりを何というか。

□(3)　ⓐは，A，Bどちらの根をスケッチしたものか。思

□(4)　作図 ⓐにならって，もう一方の植物の根のようすを解答欄(らん)にかきなさい。技 思

点UP □(5)　根の先端(せんたん)付近に多く生えている小さな毛のようなものを何というか。

□(6)　A，Bは，まとめて種子(しゅし)植物の中の何植物に分類されるか。

点UP □(7)　記述 (6)に属する植物には，どのような共通の特徴(とくちょう)があるか。

よく出る ❷ 図1はイヌワラビを，図2はスギゴケを表したものである。　　　13点

点UP □(1)　イヌワラビの1枚(まい)の葉はどの部分か。図1のⓐ〜ⓒから1つ選びなさい。

□(2)　イヌワラビとスギゴケの体のつくりについて，もっとも適当なものを，⑦〜⑭から1つ選びなさい。

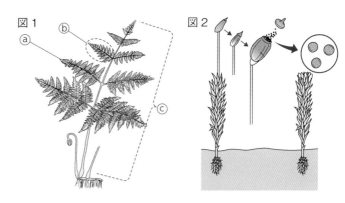

図1　ⓐ ⓑ ⓒ
図2

　⑦　イヌワラビもスギゴケも，葉，茎(くき)，根の区別がある。

　⑦　イヌワラビは葉，茎，根の区別があるが，スギゴケには葉，茎，根の区別がない。

　⑦　イヌワラビは葉，茎，根の区別がないが，スギゴケには葉，茎，根の区別がある。

　⑪　イヌワラビもスギゴケも，葉，茎，根の区別がない。

□(3)　イヌワラビとスギゴケは，何によってなかまをふやすか。

❸ いろいろな植物を，A～Dの基準で分類した。 46点

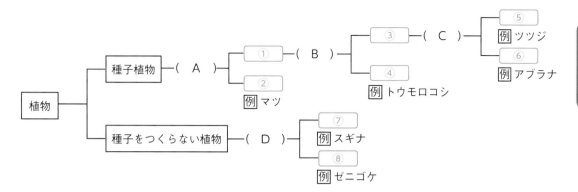

□(1) 図のA，Bに入る分類の基準を，㋐～㋑から1つずつ選びなさい。
　　㋐　子葉の数が1枚か，2枚か。
　　㋑　子房があるか，ないか。
　　㋒　胞子をつくるか，つくらないか。
　　㋓　陸上で育つか，水中で育つか。

□(2) 記述 C，Dには，どのような分類の基準が入るか。それぞれ簡潔に書きなさい。 思

□(3) ① ～ ⑧ にあてはまる分類名を，㋐～㋒から1つずつ選びなさい。
　　㋐　単子葉類　　㋑　双子葉類　　㋒　被子植物　　㋓　裸子植物
　　㋔　離弁花類　　㋕　合弁花類　　㋖　コケ植物　　㋗　シダ植物

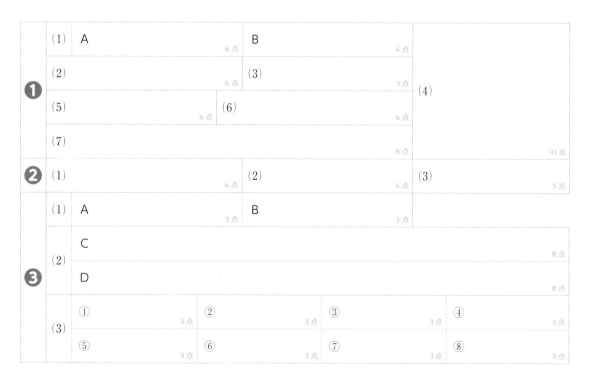

（　）と□にあてはまる語句を答えよう。また，あてはまる語句を○で囲もう。

1 食べ物による体のつくりのちがい ▶▶①

□(1)　ライオンのようにほかの動物を食べる動物を①（　　　　　　　　　），シマウマのように植物を食べる動物を②（　　　　　　　　）という。

□(2)　肉食動物の③（ 犬歯・臼歯 ）は獲物をとらえ，④（ 門歯・臼歯 ）は皮膚や肉をさいて骨をくだくのに適している。

□(3)　草食動物は⑤（ 犬歯・門歯 ）と臼歯が発達していて，草を切ったりすりつぶしたりするのに適している。

□(4)　肉食動物の目は顔の⑥（　　　　　　　）についていて，立体的に見える範囲が広く，獲物との距離をはかってとらえるのに適している。

□(5)　草食動物の目は⑦（　　　　　　）向きについていて，広範囲を見わたすことができ，肉食動物が背後から近づいてきても，早く知ることができる。

肉食動物　　　　草食動物

立体的に
見える範囲

立体的に
見える範囲

□(6)　図の⑧〜⑬

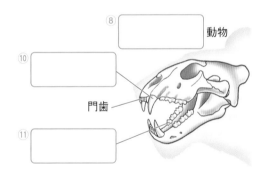
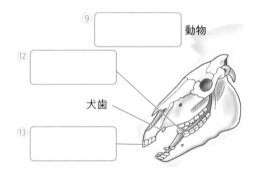

⑧□　　　　動物
⑩□
門歯
⑪□

⑨□　　　　動物
⑫□
犬歯
⑬□

> 臼歯の「臼」は「うす」とも読み，もちをきねでついたりするときに使う道具のことだよ。

2 背骨のある動物 ▶▶②

□(1)　動物は，①（ 内臓・骨格 ）とよばれる体を支える構造をもっている。

□(2)　ヒトや鳥，魚のように背骨をもつ動物を②（　　　　　　　）という。

□(3)　背骨のまわりには③（ 筋肉・内臓 ）が発達し，すばやく力強い動きができる。

> **要点**
> ●ほかの動物を食べる動物を肉食動物，植物を食べる動物を草食動物という。
> ●背骨をもつ動物を脊椎動物という。

2. 動物の体の共通点と相違点(1)

1 図は，ライオンとシマウマの頭部の骨を表したものである。　▶▶ **1**

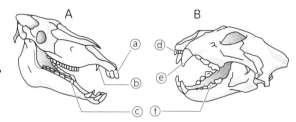

□(1) ライオンのように，ほかの動物を食べる動物を何というか。
（　　　　　　　　　）

□(2) ライオンの頭部の骨を表しているのは，A，Bのどちらか。
（　　　　　　　　　）

□(3) ⓐ，ⓑ，ⓒの歯をそれぞれ何というか。
ⓐ（　　　　　　　）　ⓑ（　　　　　　　）　ⓒ（　　　　　　　）

□(4) ⓐ，ⓑ，ⓒの歯は，ⓓ〜ⓕのどの歯に対応するか。
ⓐ（　　　　　）　ⓑ（　　　　　）　ⓒ（　　　　　）

□(5) ①〜④のような特徴のある歯を，ⓐ〜ⓕから1つずつ選びなさい。
① 獲物をとらえるのに適している。（　　　）
② 獲物の皮膚や肉をさいて骨をくだくのに適している。（　　　）
③ 草をかみ切るのに適している。（　　　）
④ 草をすりつぶすのに適している。（　　　）

□(6) 目が顔の正面についているのは，A，Bのどちらか。
（　　　　　　　）

□(7) 記述 (6)のように，目が顔の正面についていることには，生活するうえでどのような利点があるか。「立体的」「距離」という語句を使って簡潔に書きなさい。
（　　　　　　　　　　　　　　　　　　　　　　　　　　　　）

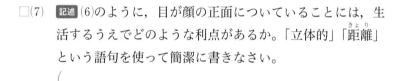

目のつき方は食べ物と関係しているよ。

2 図は，いろいろな動物の骨格を表したものである。　▶▶ **2**

フナ　ワニ
ニワトリ　カエル　サル

□(1) 記述 図の動物に共通する体の特徴を「背骨」という語句を使って簡潔に書きなさい。
（　　　　　　　　　　　　　）

□(2) (1)のような特徴をもつ動物を何というか。
（　　　　　　　　　）

□(3) (1)の特徴をもたない動物を，㋐〜㋓から1つ選びなさい。　（　　　）
㋐ ウサギ　㋑ スルメイカ　㋒ ギンブナ　㋓ トノサマガエル

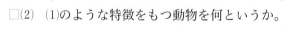

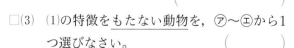

ミスに注意 **1** (7) 必ず「立体的」「距離」の両方の語句を使うこと。

2. 動物の体の共通点と相違点(2)

（ ）と□□□にあてはまる語句を答えよう。

1 脊椎動物の分類 ▶▶①

- □(1) 水中で生活するものの多くは，ひれがあり，泳いで移動をする。陸上で生活するものの多くは，①（　　　　　）で体を支えて移動する。鳥のように②（　　　　　）があり，空を飛んで移動するものもいる。
- □(2) 一生を水中で生活する動物の多くは，③（　　　　　）で呼吸する。
- □(3) おもに陸上で生活する動物の多くは，④（　　　　　）で呼吸する。
- □(4) カエルのように，子(幼生)は⑤（　　　　　）や皮膚で呼吸し，親(成体)は⑥（　　　　　）や皮膚で呼吸する動物もいる。
- □(5) 親が卵を産んで，卵から子がかえるふやし方を⑦（　　　　　）という。
- □(6) 母親の⑧（　　　　　）内で酸素や栄養分を子に与え，ある程度成長させてから子を産むふやし方を，⑨（　　　　　）という。
- □(7) 脊椎動物は，魚類，両生類，⑩（　　　　　），⑪（　　　　　），哺乳類の5つに分類できる。
- □(8) 表の⑫～㉑

		魚類	両生類	は虫類	鳥類	哺乳類
生活の場所		一生を水中で生活する。	子は ⑫□, 親はおもに陸上で生活する。	おもに ⑬□ で生活する。	陸上で生活する。	ほとんどが ⑭□ で生活する。
体表のようす		⑮□ でおおわれる。	うすく湿った皮膚でおおわれる。	うろこでおおわれる。	羽毛でおおわれる。	毛でおおわれる。
呼吸のしかた		⑯□ で呼吸する。	子はえらや皮膚，親は ⑰□ や皮膚で呼吸する。	肺で呼吸する。	⑱□ で呼吸する。	⑲□ で呼吸する。
なかまのふやし方		殻がない卵を水中に産む。	寒天状のものに包まれた卵を水中に産む。	殻がある卵を陸上に産む。	殻が ⑳□ 卵を陸上に産む。	子は母親の ㉑□ 内で育つ。

要点
- ●背骨をもつ動物を脊椎動物という。
- ●脊椎動物は，魚類，両生類，は虫類，鳥類，哺乳類に分類することができる。

2. 動物の体の共通点と相違点(2)

① A〜Eは，脊椎(せきつい)動物の5つのなかまを示したものである。　▶▶ **1**

A　　　　　　　　　B　　　　　　　　　C

D　　　　　　　　　E

□(1)　A〜Eの動物を，①〜③に分けなさい。

① 一生を水中で生活するもの　　　（　　　　　　　　）

② 一生を陸上で生活するもの　　　（　　　　　　　　）

③ 一生の中で生活場所が変わるもの（　　　　　　　　）

> イモリは，カエルのなかまだよ。

□(2)　呼吸のしかたが子と親でちがうものを，A〜Eから1つ選びなさい。（　　　　　　　　）

□(3)　記述 (2)の動物の呼吸のしかたを，「子」「親」という語句を使って簡潔に書きなさい。

（　　　　　　　　　　　　　　　　　　　　　　　　　　　　　　）

□(4)　表は，脊椎動物の生活場所と移動のようすや呼吸のしかたをまとめたものである。①〜④にあてはまる語句を書きなさい。

	移動のようす	呼吸のしかた
水中で生活する動物の多く	① 　　　　　　　　　を使って泳ぐ。	③ 　　　　　　　　　で呼吸する。
陸上で生活する動物の多く	② 　　　　　　　　　を使って移動する。	④ 　　　　　　　　　で呼吸する。

□(5)　脊椎動物は，なかまのふやし方で2つに分けることができる。

① 親が卵(らん(たまご))を産んで，卵から子がかえるふやし方を何というか。また，そのようななかまのふやし方をする動物を，A〜Eからすべて選びなさい。

名前（　　　　　　　　）　　記号（　　　　　　　　）

② 子宮(しきゅう)内で酸素や栄養分を与(あた)え，ある程度成長させてから子を産むふやし方を何というか。また，そのようななかまのふやし方をする動物を，A〜Eからすべて選びなさい。

名前（　　　　　　　　）　　記号（　　　　　　　　）

□(6)　A〜Eはそれぞれ何類に分類されるか。

A（　　　　　　　　）　　B（　　　　　　　　）　　C（　　　　　　　　）

D（　　　　　　　　）　　E（　　　　　　　　）

ヒント ① (2)呼吸のしかたが変わるのは，生活場所が水中から陸上へ変わるためである。

ミスに注意 ① (3)「子(幼生)(ようせい)」と「親(成体)(せいたい)」の両方の呼吸について説明する。

2. 動物の体の共通点と相違点(3)

( )と□□にあてはまる語句を答えよう。

1 背骨のない動物

- □(1) バッタやエビ，クモなどの動物は，体の外側が殻のようなものでおおわれている。このように，体の外側をおおう骨格を①( )という。
- □(2) 背骨をもたず，体やあしが多くの節に分かれている動物を②( )という。
- □(3) 節足動物のうち，バッタやカブトムシのなかまを③( )といい，胸部や腹部には気門があり，ここから④( )をとり入れて呼吸している。
- □(4) 節足動物のうち，エビやカニのなかまを⑤( )といい，多くは水中で生活し，えらで呼吸する。
- □(5) 図の⑥～⑩

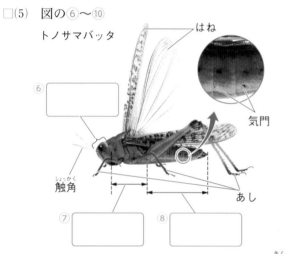

トノサマバッタ

はね

気門

触角

あし

⑥

⑦

⑧

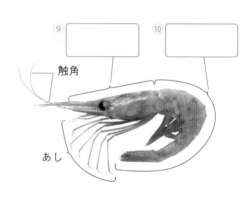

ホッコクアカエビ

⑨

⑩

触角

あし

- □(6) アサリなどは，背骨や節がなく，あしは筋肉でできていて，内臓は膜でおおわれている。この膜を⑪( )という。
- □(7) 外とう膜をもつ無脊椎動物をまとめて⑫( )という。

2 動物の分類

- □(1) 無脊椎動物のうち，節のある外骨格をもつ動物を①( )といい，内臓が外とう膜に包まれている動物を②( )という。
- □(2) 脊椎動物のうち，胎生のなかまを③( )という。
- □(3) 卵生の脊椎動物のうち，一生えらで呼吸するなかまを④( )といい，子と親で呼吸のしかたがちがうなかまを⑤( )，一生肺で呼吸するなかまを⑥( )と⑦( )という。

要点	●無脊椎動物のうち，節のある外骨格をもつものを節足動物という。 ●無脊椎動物のうち，内臓が外とう膜でおおわれているものを軟体動物という。

① A～Dは，いろいろな動物を表している。　▶▶ **１**

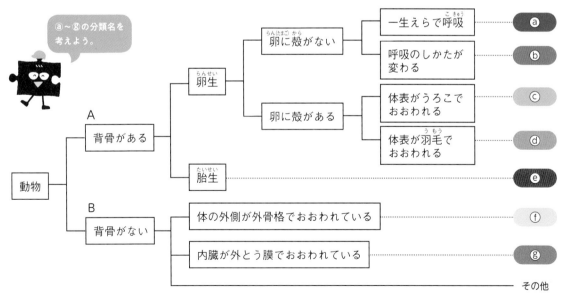

A　　　　　　B　　　　　　C　　　　　　D

□(1)　記述 A～Dの動物に共通する体の特徴を「背骨」という語句を使って簡潔に書きなさい。

（　　　　　　　　　　　　　　　　　　　　　　　　　　　　　　　）

□(2)　体やあしが多くの節に分かれている動物を，A～Dからすべて選びなさい。

（　　　　　　　）

□(3)　(2)のような動物のなかまを何というか。　（　　　　　　　）

□(4)　(3)の動物の体の外側をおおう骨格を何というか。　（　　　　　　　）

□(5)　内臓が外とう膜でおおわれている動物を，A～Dから１つ選びなさい。　（　　　　　　　）

□(6)　(5)のような動物のなかまを何というか。　（　　　　　　　）

② 図は，動物の分類を表している。　▶▶ **２**

ⓐ～ⓖの分類名を
考えよう。

動物 ─┬─ A 背骨がある ─┬─ 卵生 ─┬─ 卵に殻がない ─┬─ 一生えらで呼吸 ……… ⓐ
　　　│　　　　　　　　　│　　　　│　　　　　　　　└─ 呼吸のしかたが変わる ……… ⓑ
　　　│　　　　　　　　　│　　　└─ 卵に殻がある ─┬─ 体表がうろこでおおわれる ……… ⓒ
　　　│　　　　　　　　　│　　　　　　　　　　　　└─ 体表が羽毛でおおわれる ……… ⓓ
　　　│　　　　　　　　　└─ 胎生 ……………………………………………………………… ⓔ
　　　└─ B 背骨がない ─┬─ 体の外側が外骨格でおおわれている ……… ⓕ
　　　　　　　　　　　　　├─ 内臓が外とう膜でおおわれている ……… ⓖ
　　　　　　　　　　　　　└─ その他

□(1)　A，Bのような特徴をもつ動物のなかまをそれぞれ何というか。

A（　　　　　　　　　）　　　B（　　　　　　　　　）

□(2)　①～③の動物は，ⓐ～ⓖのどこに分類されるか。

①　クワガタ（　　　）　　　②　スズメ（　　　）　　　③　メダカ（　　　）

ヒント　　② (2) クワガタはB，スズメとメダカはAのなかまである。

31

時間30分　／100点　合格70点　解答p.8

① A～Eは，いろいろな脊椎動物を表したものである。　31点

A　　　B　　　C　　　D　　　E

□(1) ①，②のような特徴をもつ動物はどれか。A～Eからそれぞれすべて選びなさい。

① 子のときはえらや皮膚で呼吸するが，親になると肺や皮膚で呼吸する。

② ひれがあり，泳いで移動する。

□(2) ①～③のようななかまのふやし方をする動物はどれか。A～Eからそれぞれすべて選びなさい。

① 殻のある卵を産む動物。

② 殻のない卵を産む動物。

③ ある程度成長した子を産む動物。

□(3) ある程度成長した子を産むなかまのふやし方を何というか。

点UP □(4) 記述 ニワトリやイヌの体表は，羽毛や毛でおおわれている。これにはどのような利点があるか。体温と関連づけて簡潔に書きなさい。思

② A～Fは，いろいろな無脊椎動物を表したものである。　35点

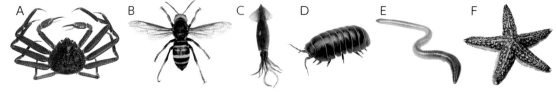

A　　　B　　　C　　　D　　　E　　　F

□(1) 地球上で種類が多いのは，脊椎動物，無脊椎動物のどちらか。

□(2) 体の外側が殻のような骨格でおおわれている動物を，A～Fからすべて選びなさい。

□(3) (2)の骨格を何というか。

□(4) 胸部や腹部に気門があり，ここから空気をとり入れて呼吸している動物を，A～Fから1つ選びなさい。

□(5) ①～③に分類される動物をA～Fからそれぞれすべて選びなさい。

① 昆虫類

② 甲殻類

③ 軟体動物

点UP □(6) 記述 軟体動物には，えらで呼吸するものが多い。その理由を，その生活場所と関連づけて簡潔に書きなさい。

❸ いろいろな動物を，A～Eの基準で分類した。 34点

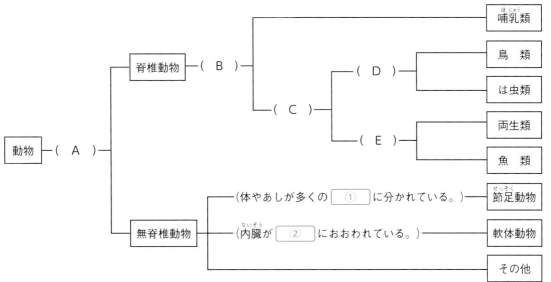

□(1) ① ， ② にあてはまる語句を書きなさい。

□(2) 図のC～Eに入る分類の基準を，⑦～⊆から1つずつ選びなさい。思

⑦ 一生えらで呼吸するか，呼吸のしかたが変わるか。

⑦ 陸上に卵を産むか，水中に卵を産むか。

⑦ 一生水中で生活するか，一生陸上で生活するか。

⊆ 体表が羽毛でおおわれているか，うろこでおおわれているか。

□(3) 記述 図のA，Bには，どのような分類の基準が入るか。それぞれ簡潔に書きなさい。思

1. 身のまわりの物質とその性質(1)

( )と[ ]にあてはまる語句を答えよう。

1 ガスバーナーの使い方

□(1) 火のつけ方：元栓，コックを開けて，ななめ下から火を近づけ，① ( )調節ねじをゆるめて点火する。

□(2) 炎の調節のしかた：② ( )調節ねじを回して，炎の大きさを調節する。
次に③ ( )調節ねじを動かさないようにして，④ ( )調節ねじをゆるめ，空気の量を調節して⑤ ( )い炎にする。

□(3) 図の⑥〜⑨

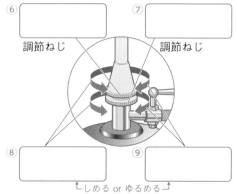

⑥[ ]　⑦[ ]
調節ねじ　調節ねじ

⑧[ ]　⑨[ ]

←しめる or ゆるめる→
元栓を開ける前は軽く閉めておく。

2 物質の区別

□(1) ものの形や大きさなどに注目したときの名称を① ( )といい，ものをつくっている材料に注目したときの名称を② ( )という。

□(2) 炭素をふくむ物質を③ ( )という。炭素をふくむので，加熱すると燃えて二酸化炭素を発生する。多くの場合，④ ( )もふくんでいるので，燃えると水が発生する。

□(3) 有機物以外の物質を⑤ ( )という。

□(4) 物質は金属と金属以外の物質に分類することもできる。金属以外の物質を⑥ ( )という。

二酸化炭素は炭素をふくむけど，無機物としてあつかうよ。炭素そのものも無機物だよ。

□(5) 金属共通の性質
❶ ⑦ ( )をよく通す(電気伝導性)。
❷ ⑧ ( )をよく伝える(熱伝導性)。
❸ みがくと特有のかがやきが出る(金属光沢)。
❹ たたいて広げたり(展性)，引きのばしたり(延性)できる。

❶ 　❷ 　❸ 　❹

要点
●炭素をふくむ物質を有機物，それ以外の物質を無機物という。
●金属は電気をよく通し，熱をよく伝えるなどの共通の性質がある。

1 図は，実験に用いるガスバーナーである。　▶▶ **1**

□(1) A，Bの名称を書きなさい。

A（　　　　　　　）

B（　　　　　　　）

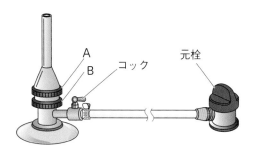

□(2) 元栓を開ける前に必ずすることを，⑦〜⑨から１つ選びなさい。　（　　　　）

⑦ A，Bをゆるめる。

⑨ A，Bが軽く閉まっている状態にする。

⑨ コックを開ける。

□(3) 炎を調節するときは，ⓐ〜ⓒのどの状態にすればよいか。　（　　　　）

ⓐ　オレンジ色の炎

ⓑ　青白い炎，ゴォーと音がしている。

ⓒ　青い炎，音はしない。

2 物質A〜Fを調べ，いろいろな観点から分類した。　▶▶ **2**

A　アルミニウム　　B　砂糖　　　　　　C　かたくり粉(デンプン)

D　食塩　　　　　　E　スチールウール(鉄)　F　ろう

□(1) 物質A〜Fをガスバーナーで加熱したとき，燃えて炭になる物質をすべて選びなさい。

（　　　　　　　）

ふたをして燃やす。　燃焼さじ　燃え終わったらよく振る。　石灰水

□(2) (1)の物質が燃えているときに，石灰水の入った集気びんに入れ，火が消えたらとり出して，ふたをしてよく振ったところ，石灰水が白くにごった。

① 石灰水を白くにごらせた気体は何か。　（　　　　　）

② 燃えたときに，①のほかに発生する物質は何か。　（　　　　　）

□(3) (1)の物質のような炭素をふくむ物質を何というか。　（　　　　　）

□(4) 物質A〜Fについて，電気を通すかを調べた。

① 電気を通す物質をすべて選びなさい。　（　　　　　）

② ①の物質は，ほかにも熱を伝えやすい，特有の光沢があるなどの性質がある。このような物質を何というか。　（　　　　　）

ヒント ❶ (1) A・Bは空気やガスの量を調節するためのねじである。

❷ 物質はそれぞれの性質により，有機物と無機物，金属と非金属に分類される。

（　）と□□□にあてはまる語句を答えよう。

1 体積・質量と密度 ▶▶ ❶ ❷ ❸

□(1) 電子てんびんなどではかることのできる，物質そのものの量を ①（　　　　　）という。

□(2) 一定の体積（1cm³）あたりの物質の質量を ②（　　　　　）といい，物質の種類によって値が決まっている。

□(3) 密度の単位には，グラム毎立方センチメートル（記号 ③（　　　　　））を用いる。

□(4) 物質の密度〔g/cm³〕= $\dfrac{物質の ④（\qquad）〔g〕}{物質の ⑤（\qquad）〔cm³〕}$

□(5) 図の ⑥〜⑦

□(6) 物質が液体に浮くか沈むかは密度で決まる。密度が水よりも ⑧（　　　　　）物質は水に浮き，水よりも ⑨（　　　　　）物質は水に沈む。

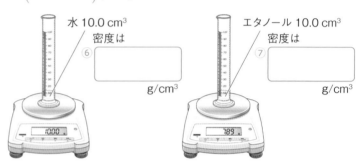

水 10.0 cm³
密度は
⑥ □□□□ g/cm³

エタノール 10.0 cm³
密度は
⑦ □□□□ g/cm³

2 質量や体積の測定 ▶▶ ❸

□(1) 電子てんびんは安定した ①（　　　　　）な台の上に置き，電源を入れる。薬包紙をのせて質量が表示されたら，表示板の数値を ②（　　　　　）にして，はかりたいものをのせていく。

□(2) メスシリンダーの目盛りは，液面のもっとも ③（　　　　　）位置を真横から水平に見て読みとる。

□(3) 図の ④

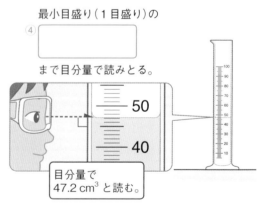

最小目盛り（1目盛り）の
④ □□□□
まで目分量で読みとる。

50

40

目分量で
47.2 cm³ と読む。

要点
●一定の体積（1cm³）あたりの物質の質量を密度という。
●密度の単位はグラム毎立方センチメートル（記号 g/cm³）を使う。

1. 身のまわりの物質とその性質(2)

❶ 表は，4種類の物質の密度を示したものである。　▶▶ **1**

物質	エタノール	アルミニウム	鉄	銅
密度〔g/cm³〕	0.79	2.70	7.87	8.96

- □(1) 計算 エタノール 100 cm³ の質量は何 g か。　（　　　　）
- □(2) 計算 アルミニウム 200 cm³ の質量は何 g か。　（　　　　）
- □(3) 計算 2361 g の鉄の体積は何 cm³ か。　（　　　　）
- □(4) 計算 質量が 448 g のある物質の体積をはかったところ，50.0 cm³ であった。この物質の密度は何 g/cm³ か。　（　　　　）
- □(5) (4)の物質は何か。表の物質から選びなさい。　（　　　　）
- □(6) アルミニウムのかたまりをエタノールの入ったビーカーの中に入れると，アルミニウムは浮くか，沈むか。　（　　　　）
- □(7) 鉄球を液体の水銀に入れたところ，鉄球は水銀に浮いた。水銀の密度は，鉄より小さいか，大きいか。　（　　　　）

❷ 物質A～Cの体積と質量をはかり，密度を求めたところ，表のようになった。　▶▶ **1**

- □(1) 計算 表の⑦，⑦にあてはまる数値を求めなさい。
  ⑦（　　　　）⑦（　　　　）
- □(2) A～Cのうち，1つだけほかと異なる物質はどれか。　（　　　　）

物質	A	B	C
体積〔cm³〕	6.4	7.2	8.6
質量〔g〕	67.2	97.2	⑦
密度〔g/cm³〕	⑦	13.5	10.5

❸ 質量 21.6 g の金属Xの体積を，図のようにしてはかった。　▶▶ **1 2**

- □(1) 液体の体積をはかるときに用いる図の器具を何というか。　（　　　　）
- □(2) 図の器具の目盛りを読むときの目の位置として適切なものを，図の@～©から選びなさい。　（　　　　）
- □(3) 計算 金属Xを入れる前に，器具にはあらかじめ 50.0 cm³ の水が入れてあった。金属Xの体積は何 cm³ か。ただし，図の器具は 100 cm³ 用のものである。　（　　　　）
- □(4) 計算 金属Xの密度は何 g/cm³ か。　（　　　　）

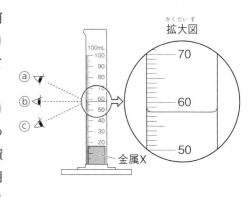

拡大図

金属X

ヒント **❶** (6)(7)固体が液体に浮くのは，固体の密度が液体より小さいとき，大きいときのどちらだろうか。
❷ (2)物質の種類によって決まっているのは，表のどの値(あたい)だろうか。

① 図の物質A～Eについて，実験1～4を行ったところ，それぞれ表に示した結果となった。

33 点

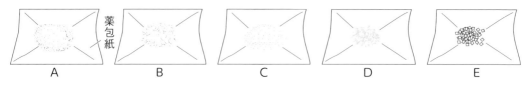

A　B　C　D　E

実験	方法	結果
1	水に入れたときのようすを調べる。	A・Cがとけた。
2	電気を通すかどうかを調べる。	B・Dが電気を通した。
3	加熱したときのようすを調べる。	A・B・D・Eが燃えた。
4	実験3で燃えたものについて，燃えるときに二酸化炭素が発生するか調べる。	A・Eが二酸化炭素を出した。

□(1) 記述 実験4で二酸化炭素を発生したかどうかを調べるには，①何を使えばよいか。また，②どのような結果になれば二酸化炭素が発生したといえるか。技

□(2) A～Eのうち，2つは金属である。金属と考えられるものを2つ選びなさい。思

□(3) 記述 (2)のように答えた理由を簡潔に書きなさい。思

□(4) A・Eのような物質を何というか。

□(5) A・E以外の物質を何というか。

□(6) A～Eのうち，1つは砂糖である。砂糖と考えられるものを，A～Eから選びなさい。思

② 物質A～Eについて，体積と質量をはかり，密度を求めたところ表のようになった。

35 点

物　質	A	B	C	D	E
体積〔cm³〕	25.0	30.0	28.0	40.0	14.0
質量〔g〕	67.5	23.7	294.0	108.0	270.2
密度〔g/cm³〕	⑦	0.79	10.5	2.70	19.3

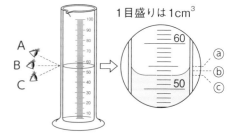

1目盛りは1cm³

□(1) 体積の測定にはメスシリンダーを用いた。メスシリンダーの目盛りを読むときの，①目の位置，②読みとる水面の位置として適切なものを，A～C，ⓐ～ⓒからそれぞれ選びなさい。技

□(2) 同じ体積で比べたとき，もっとも質量が大きいのは，B～Eのどれか。

□(3) 同じ質量で比べたとき，もっとも体積が大きいのは，B～Eのどれか。

□(4) 計算 ⑦にあてはまる値を求めなさい。

□(5) Aと同じ物質であると考えられるのは，B～Eのどれか。思

□(6) 物質Bは液体である。物質Bに密度0.917 g/cm³の氷を入れたら，氷は浮くか沈むか。思

□(7) 記述 (6)のように答えた理由を簡潔に書きなさい。思

成績評価の観点　技…観察・実験の技能　思…科学的な思考・判断・表現

❸ 次のA～Eを金属と金属以外のものに分類する。　　　　　　　　　32点

　　A　アルミニウムのはさみ　　　B　ガラスのびん　　　C　鉄のくぎ
　　D　プラスチックのコップ　　　E　銅のスプーン

☐(1)　はさみやコップなどのように，ものの形や大きさなどに注目したときの名称を何というか。

☐(2)　アルミニウムやガラスなどのように，はさみやコップなどのものをつくっている材料に注目したときの名称を何というか。

☐(3)　A～Eについて，電気を通すかどうか，磁石につくかどうかを調べた。思
　　①　電気を通すものをすべて選びなさい。
　　②　磁石につくものをすべて選びなさい。

☐(4)　金属共通の性質として誤っているものを，㋐～㋕からすべて選びなさい。
　　㋐　熱をよく伝える。
　　㋑　水によくとける。
　　㋒　みがくと特有の光沢が出る。
　　㋓　磁石につく。
　　㋔　たたいて広げたり，引きのばしたりすることができる。
　　㋕　電気をよく通す。

☐(5)　金属以外のものを何というか。

☐(6)　A～Eのうち，金属であるものをすべて選びなさい。思

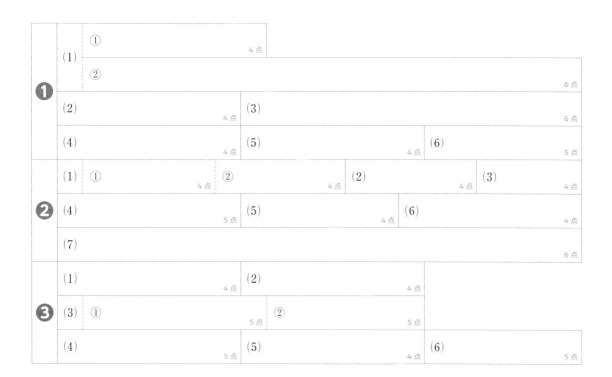

粒子（物質）

身のまわりの物質

定期テスト
予報　物質の体積と質量から，密度を求める計算がよく出ます。
　　　密度を求める式を確認し，計算に慣れておきましょう。

2. 気体の発生と性質(1)

( )と◻️にあてはまる語句を答えよう。

1 気体の性質の調べ方・気体の集め方 ▶▶ ①

☐(1) 気体は，色やにおい，水で湿（しめ）らせたリトマス紙の①（　　　　　）の変化などを調べる。

☐(2) (1)のほかに，ものを燃やす性質があるか，燃える性質があるか，石灰水（せっかいすい）を②（　　　　　）くにごらせる性質があるかなどを調べる。

☐(3) 気体の集め方：図の③〜⑨

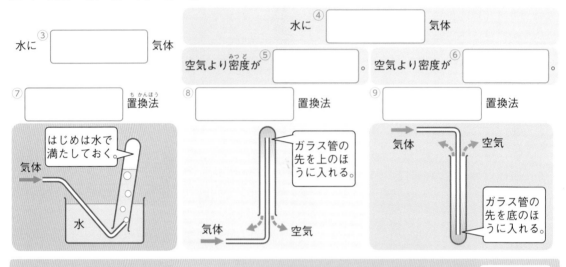

水に③◻️気体

水に④◻️気体

空気より密度（みつど）が⑤◻️。　空気より密度が⑥◻️。

⑦◻️置換法（ちかんほう）

はじめは水で満たしておく。

気体

水

⑧◻️置換法

ガラス管の先を上のほうに入れる。

気体　→　空気

⑨◻️置換法

気体　空気

ガラス管の先を底のほうに入れる。

2 酸素と二酸化炭素 ▶▶ ①②③

☐(1) 酸素の発生方法：①（　　　　　）置換法で集める。
　・二酸化マンガンにうすい②（　　　　　）を加えるなど。

☐(2) 酸素の性質
　・ものを③（　　　　　）はたらきがある。
　・色やにおいが④（　　　　　）。
　・水にとけ⑤（　　　　　）。

☐(3) 二酸化炭素の発生方法：⑥（　　　　　）置換法，または水上置換法で集める。
　・⑦（　　　　　）にうすい塩酸を加えるなど。

☐(4) 二酸化炭素の性質
　・⑧（　　　　　）を白くにごらせる。
　・色やにおいが⑨（　　　　　）。
　・水に少しとけて，⑩（　　　　　）性を示す。

☐(5) 図の⑪〜⑫

⑪◻️の性質

線香が激（はげ）しく燃える。

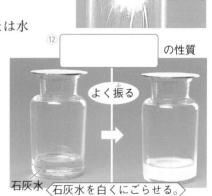
⑫◻️の性質

よく振（ふ）る

石灰水　石灰水を白くにごらせる。

要点
●気体の集め方は，水へのとけやすさや空気と比べた密度の大小で選ぶ。
●酸素はものをよく燃やし，二酸化炭素は石灰水を白くにごらせる。

2. 気体の発生と性質(1)

1 図は，気体の集め方を表したものである。　▶▶ **1 2**

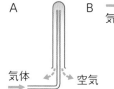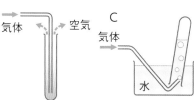

□(1) A〜Cの集め方をそれぞれ何というか。

A（　　　　　　　　）
B（　　　　　　　　）
C（　　　　　　　　）

□(2) ①〜③の気体に適した集め方を，図のA〜Cから1つずつ選びなさい。

① 水にとけやすく，空気より密度が大きい気体　（　　　）

② 水にとけやすく，空気より密度が小さい気体　（　　　）

③ 水にとけにくい気体　（　　　）

□(3) 二酸化炭素の集め方として適するものを，図のA〜Cから2つ選びなさい。（　　　）

2 二酸化マンガンに液体Aを加え，発生した酸素を試験管に集めた。　▶▶ **2**

□(1) 液体Aは何か。
（　　　　　　　　）

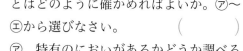

□(2) 試験管に集まった気体が，酸素であることはどのように確かめればよいか。⑦〜
㋑から選びなさい。　（　　　）

㋐ 特有のにおいがあるかどうか調べる。

㋑ 水にとけるかどうか調べる。

㋒ 火をつけたマッチを近づけ，気体が燃えるかどうか調べる。

㋓ 火をつけた線香を入れて，線香が激しく燃えるかどうか調べる。

3 石灰石にうすい塩酸を加え，発生した気体を石灰水に通した。　▶▶ **2**

□(1) 発生した気体は何か。　（　　　　　　　　）

□(2) 記述 発生した気体を通すと，石灰水はどうなるか。
（　　　　　　　　　　　　）

□(3) 発生した気体の性質として正しいものを，⑦〜⑦からすべて
選びなさい。　（　　　　　　）

㋐ 空気より重い（空気より密度が大きい）。

㋑ 水に少しとけ，水溶液は酸性を示す。

㋒ ほかの物質を燃やすはたらきがある。

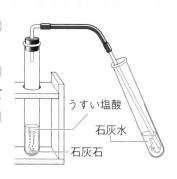

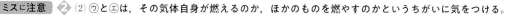

ミスに注意 **2** (2)㋒と㋓は，その気体自身が燃えるのか，ほかのものを燃やすのかというちがいに気をつける。

ヒント **3** (1)石灰水を使って確認（かくにん）している点に注目する。

（　）と ▢ にあてはまる語句を答えよう。

1 アンモニア・水素　▶▶①②

□(1) アンモニアの発生方法：図の①〜②

□(2) アンモニアの性質

　　・水に非常に③（　　　　　　）。

　　・水溶液は④（　　　　　　）性を示す。

　　・特有の⑤（　　　　　　）臭があり，有毒。

□(3) 水溶液（アンモニア水）にフェノールフタレイン
　　（溶）液を加えると，無色から⑥（　　　　）色
　　に変化。

□(4) 水素の発生方法：図の⑦

□(5) 水素の性質

　　・空気中で火をつけると，音を立てて燃えて，
　　⑧（　　　　　　）ができる。

　　・物質の中で⑨（　　　　　　）がいちばん小さい。

　　・色やにおいが⑩（　　　　　　）。

　　・水に⑪（　　　　　　）。

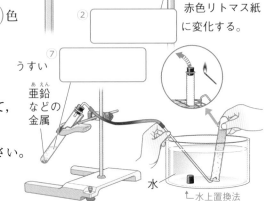

①
＋
水酸化カルシウム
← 上方置換法
水で湿らせた
赤色リトマス紙
に変化する。
②
うすい
亜鉛
などの
金属
⑦
水
↳ 水上置換法

2 窒素・塩化水素・塩素　▶▶③

□(1) 窒素の性質：①（　　　　　　）中にもっとも多く
　　ふくまれる気体。

　　・色やにおいが②（　　　　　　）。

　　・水にとけにくい。

　　・変化しにくい。

□(2) 図の③〜④

□(3) 塩化水素の性質

　　・無色で⑤（　　　　　　）臭があり，有毒。

　　・水溶液（塩酸）は⑥（　　　　　　）性。

□(4) 塩素の性質

　　・黄緑色で⑦（　　　　　　）臭があり，有毒。

　　・殺菌作用や漂白作用がある。

空気中の気体の体積の割合
その他の気体
約1%
③
約21%
④
約78%

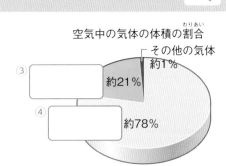

要点
　●アンモニアは水に非常によくとけてアルカリ性を示す。
　●窒素は空気中にもっとも多くふくまれていて，変化しにくい気体である。

2. 気体の発生と性質(2)

❶ 2種類の物質の混合物を加熱してアンモニアを発生させ，試験管に集めた。 ▶▶ **1**

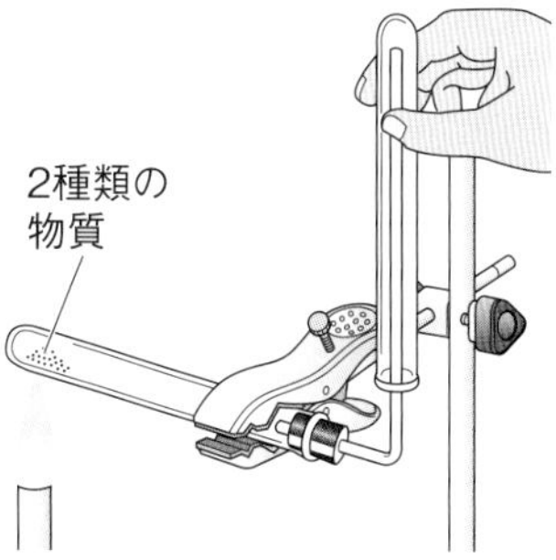

□(1) 加熱した物質は，水酸化カルシウムと何の混合物か。㋐～㋕
から選びなさい。　　　　　　　　　　　　　　（　　　　　　）

㋐　炭酸水素ナトリウム　　㋑　二酸化マンガン

㋒　塩化アンモニウム　　　㋓　マグネシウム

㋔　亜鉛　　　　　　　　　㋕　石灰石

2種類の
物質

□(2) 気体を集めた試験管の口に，水で湿らせたリトマス紙を近づ
けるとどうなるか。㋐～㋒から選びなさい。　（　　　　　　）

㋐　赤色リトマス紙が青色に変化する。　　㋑　青色リトマス紙が赤色に変化する。

㋒　リトマス紙の色は変化しない。

□(3) この実験では，試験管の口を少し下げて加熱する。その理由として正しい文になるように，
（　　　）にあてはまる語句を書きなさい。

　発生した①（　　　　　　　　）が試験管の底のほうに流れると，試験管が②（　　　　　　　　）こ
とがあるから。

❷ 亜鉛にうすい塩酸を加えて，発生した気体を試験管に集めた。 ▶▶ **1**

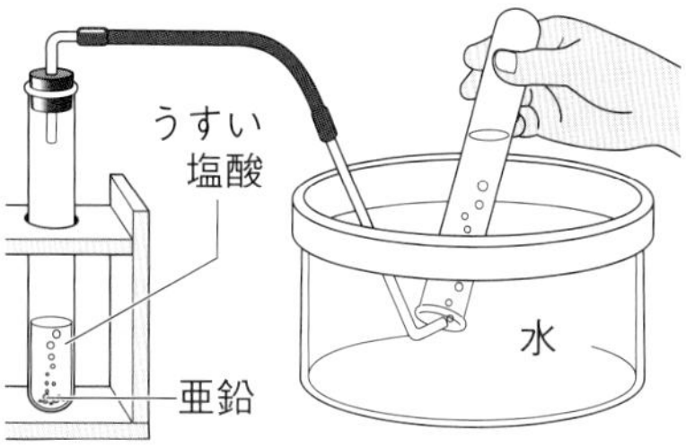

□(1) 発生した気体は何か。　　　　　　（　　　　　　　）

□(2) 記述 発生した気体を，図のように集めることができる
のは，気体にどのような性質があるからか。

（　　　　　　　　　　　　　　　　　　）

うすい
塩酸

水

亜鉛

□(3) 集めた気体にマッチの火を近づけるとどうなるか。㋐
～㋒から選びなさい。　　　　　　　（　　　　　　）

㋐　しばらく燃えてから火が消える。　　㋑　音を立てて燃える。　　㋒　燃えない。

❸ (1)～(3)の性質をもつ気体はそれぞれ何か。　　　から1つずつ選びなさい。 ▶▶ **2**

□(1) 空気中に体積の割合で約78 %ふくまれる。ふつうの温度では変化しにくい。

（　　　　　　　）

□(2) 特有な刺激臭のある黄緑色の気体。漂白作用・殺菌作用がある。　（　　　　　　　）

□(3) 特有な刺激臭のある無色の気体。水溶液(塩酸)は酸性を示す。　（　　　　　　　）

酸素　　窒素　　二酸化炭素　　アンモニア　　塩素　　塩化水素

ヒント ❶ (3) 加熱するとアンモニアのほかに水が発生する。

❷ (2) 気体の集め方は，水へのとけやすさと空気と比べた密度(みつど)の大きさで決める。

2. 気体の発生と性質

時間30分 ／100点　合格70点　解答 p.12

① **図は，理科室で使われる実験器具である。**　26点

水の入った水そう
ビーカー
ガラス管
ピンセット
試験管

□(1) 作図 酸素や水素などは，水上置換法で集めることができる。図の器具から適当なものを3つ選び，水上置換法の装置を解答欄にかき入れなさい。技

□(2) 記述 (1)の装置で気体を集めるとき，はじめに出てくる気体は捨てる。その理由を簡潔に書きなさい。技

□(3) 記述 水上置換法で集めることが<u>できない</u>気体はどのような性質をもつか。簡潔に書きなさい。思

② **図のように，水素を集めた試験管に火をつけたろうそくを近づけると，試験管の口のまわりで無色の炎が出たが，ろうそくの炎は消えた。**　15点

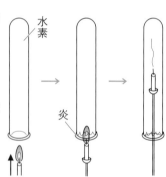
水素
炎

□(1) 水素は，ある物質にうすい塩酸を加えて発生させた。ある物質として適当なものを，⑦〜⑤から2つ選びなさい。
　　⑦　石灰石　　　④　亜鉛　　　⑤　鉄　　　⑤　二酸化マンガン

□(2) 図のように，試験管の口を下にしても水素が逃げていかないのは，水素にどのような性質があるためか。⑦〜⑤から選びなさい。
　　⑦　水にとけやすい。　　　④　空気より密度が小さい。
　　⑤　水にとけにくい。　　　⑤　空気より密度が大きい。

□(3) 図の実験結果から，水素にはどのような性質があることがわかるか。⑦〜⑤から選びなさい。思
　　⑦　ほかの物質を燃やす性質があり，水素自身も燃える。
　　④　ほかの物質を燃やす性質があるが，水素自身は燃えない。
　　⑤　ほかの物質を燃やす性質はなく，水素自身も燃えない。
　　⑤　ほかの物質を燃やす性質はないが，水素自身は燃える。

③ **三角フラスコに液体Aと固体Bをとり，気体を発生させる。** 技　28点

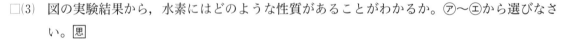
液体A
固体B

□(1) 酸素を発生させるためには，液体A，固体Bに，それぞれ何を用いればよいか。

□(2) 発生させた酸素を集める方法を，⑦〜⑤から選びなさい。
　　⑦　水上置換法　　　④　上方置換法　　　⑤　下方置換法

□(3) 二酸化炭素を発生させるためには，液体A，固体Bに，それぞれ何を用いればよいか。

□(4) 記述 (3)で発生させた気体が二酸化炭素であることを確かめるには，どうすればよいか。簡潔に書きなさい。

　成績評価の観点　技…観察・実験の技能　思…科学的な思考・判断・表現

❹ 丸底フラスコにアンモニアを満たし，図の装置をつくった。スポイトの水をフラスコ内に入れると，フェノールフタレイン(溶)液を加えた水がフラスコの中にふき上がった。

31点

□(1) 実験に用いたアンモニアは，水酸化カルシウムとある物質の混合物を試験管に入れ，加熱して発生させた。ある物質とは何か。

□(2) 記述 図の実験で，乾いた丸底フラスコを用いる理由を，簡潔に書きなさい。思

□(3) スポイトの水をフラスコ内に入れると，フラスコ内のアンモニアはどうなったか。⑦〜⑦から選びなさい。思

⑦ 急激に水にとけた。　　⑦ 少しだけ水にとけた。　　⑦ 水と反応した。

□(4) ふき上がった水の色は無色からどのようになったか。⑦〜⑦から選びなさい。

⑦ 青色に変わった。　　⑦ 赤色に変わった。

⑦ 黄色に変わった。　　⑦ 変わらなかった。

□(5) (4)より，フラスコ内にふき上がった水溶液は，何性であるといえるか。

（図中ラベル）
- アンモニア
- 乾いた丸底フラスコ
- 水を入れたスポイト
- 先を細くしたガラス管
- フェノールフタレイン(溶)液を数滴加えた水

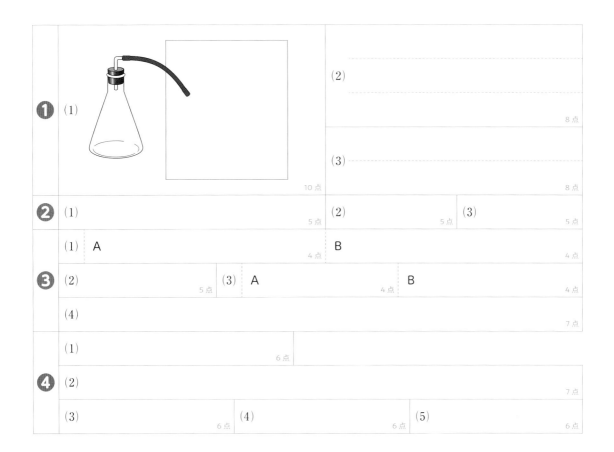

❶ (1)　10点　　(2)　8点　　(3)　8点

❷ (1)　5点　　(2)　5点　　(3)　5点

❸ (1) A　4点　　B　4点
(2)　5点　　(3) A　4点　　B　4点
(4)　7点

❹ (1)　6点
(2)　7点
(3)　6点　　(4)　6点　　(5)　6点

定期テスト予報　気体の性質と発生方法，集め方についてよく問われます。
気体の水へのとけやすさ，空気と比べた密度の大きさを整理しておきましょう。

( )と[ ]にあてはまる語句を答えよう。

1 物質のとけ方

□(1) 物質を水にとかすとき，塩化ナトリウムのように，水にとけている物質を①( )，水のように，物質をとかしている液体を②( )という。

□(2) 溶質が溶媒にとけた液体を③( )といい，溶媒が水の③を④( )という。

□(3) 図の⑤〜⑦

□(4) 物質が水にとけると，物質の粒子が水の中に一様に広がり，水溶液の濃さは均一になり，液は⑧( )になる。

□(5) 溶質がとけて見えなくなっても全体の⑨( )は変化しない。

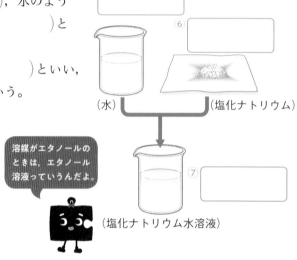

(水)　(塩化ナトリウム)

溶媒がエタノールのときは，エタノール溶液っていうんだよ。

(塩化ナトリウム水溶液)

2 濃さの表し方

濃い硫酸銅水溶液

水の粒子
硫酸銅の粒子

うすい硫酸銅水溶液
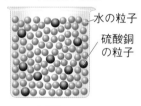
水の粒子
硫酸銅の粒子

□(1) 溶液の濃さは，①( )の質量に対する②( )の質量の割合で表すことができる。この割合を百分率で表したものを③( )濃度(%)という。

□(2) 質量パーセント濃度〔%〕 $= \dfrac{④(\qquad)\text{の質量〔g〕}}{⑤(\qquad)\text{の質量〔g〕}} \times 100$

$= \dfrac{⑥(\qquad)\text{の質量〔g〕}}{⑦(\qquad)\text{の質量〔g〕} + ⑧(\qquad)\text{の質量〔g〕}} \times 100$

要点
●溶質が溶媒にとけたものを溶液といい，溶媒が水の場合は水溶液という。
●溶液の濃さは，質量パーセント濃度(%)で表す。

3. 水溶液⑴

❶ 食塩を水に完全にとかし，食塩水をつくった。 ▶▶ **1**

□(1) 食塩のように，液体にとけている物質のことを何というか。
（　　　　　　　）

□(2) 水のように，物質をとかしている液体のことを何というか。
（　　　　　　　）

□(3) 食塩水のように，物質が水にとけた液体のことを何というか。
（　　　　　　　）

水　食塩

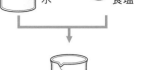
食塩水

❷ 水の中に角砂糖を入れて長時間置いておくと，角砂糖は少しずつ水にとけていった。 ▶▶ **2**

□(1) 角砂糖が水にとけるようすを粒子のモデルで表した。水の中に角砂糖を入れた直後から，角砂糖が完全にとけるまでのようすとして正しい順になるように，ⓐ〜ⓓを並べなさい。

（　　　）→（　　　）→（　　　）→（　　　）

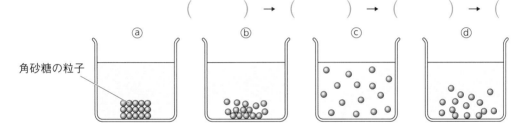
角砂糖の粒子　ⓐ　ⓑ　ⓒ　ⓓ

□(2) 次の文は，角砂糖が水にとけていくときの粒子のようすを説明したものである。（　　）にあてはまる語句を入れ，文を完成させなさい。

　角砂糖を水の中に入れると，①（　　　　　　）が角砂糖の粒子と粒子の間に入りこみ，粒子がばらばらになる。完全にとけると，粒子は水の中に一様に広がり，水溶液の濃さは②（　　　　　　）になる。また，粒子は目に見えないほど小さいので，液は③（　　　　　　）になる。

□(3) 角砂糖を水に入れた直後と，完全にとけて角砂糖が見えなくなったときとでは，全体の質量はどうなるか。
（　　　　　　　）

❸ 塩化ナトリウム水溶液の質量パーセント濃度について考える。 ▶▶ **2**

□(1) 計算 水80 gに塩化ナトリウム20 gをとかした水溶液の質量パーセント濃度を求めなさい。
（　　　　　　　）

□(2) 計算 5 %の塩化ナトリウム水溶液を100 gつくるには，何 gの塩化ナトリウムを何 gの水にとかせばよいか。（　　　　　　　　　　　　　）

ヒント ❷(3) とけて見えなくなっても，水溶液の中には存在(そんざい)している。
❸ 質量パーセント濃度〔%〕＝溶質(ようしつ)の質量〔g〕÷溶液の質量〔g〕×100 の式にあてはめる。

（　）にあてはまる語句を答えよう。

① 飽和水溶液の溶解度　▶▶❶

□(1) 物質が液体にとける限度までとけている状態を①（　　　　　　　　）といい，その水溶液を
②（　　　　　　　　　）という。

□(2) 一定の量（100 g）の水にとける限度まで物質をとか
したときの，とけた物質の質量〔g〕の値を，その物
質の③（　　　　　　　　）という。

□(3) グラフから，硝酸カリウムの溶解度は，40 ℃では
約④（　　　　　　　），80 ℃では約⑤（　　　　　　　　）で
ある。

□(4) 一定の量の水にとける物質の質量は，物質の種類と
⑥（　　　　　　　）によって決まっている。

□(5) 横軸に水の温度を，縦軸に溶解度をとった図のよう
なグラフを⑦（　　　　　　）曲線という。

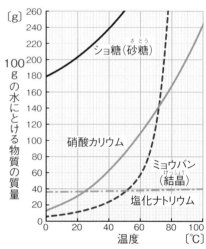

② 溶質のとり出し方　▶▶❷

□(1) ろ紙などを使って，液体にとけていない固体と液体
を分けることを①（　　　　　　）という。

□(2) 水溶液にとけている硝酸カリウムは，水溶液を
②（　　　　　　　　）ことでとり出せる。これは硝酸カ
リウムの③（　　　　　　　　）が温度により大きく変化
するからである。

□(3) 水溶液にとけている塩化ナトリウムは，水溶液を冷
やしてもとり出せない。これは塩化ナトリウムの溶
解度が，④（　　　　　　　）によりほとんど変化しない
からである。

□(4) 塩化ナトリウムをとり出すには，水を⑤（　　　　　　　）させる方法のほうが適している。

□(5) 規則正しい形をした固体を⑥（　　　　　　）という。

□(6) 物質を溶媒にとかし，溶液からその物質を再び結晶としてとり出すことを
⑦（　　　　　　）という。

□(7) いくつかの物質が混ざり合ったものを⑧（　　　　　　　）という。一方，1種類の物質ででき
ているものを⑨（　　　　　　　）という。

要点
●水 100 g の飽和水溶液にとけている溶質の質量〔g〕の値を溶解度という。
●物質を溶媒にとかし，再び結晶としてとり出すことを再結晶という。

3. 水溶液(2)

① グラフは，塩化ナトリウムと硝酸カリウムについて，100gの水にとける質量と温度の関係を表している。　▸▸ **1**

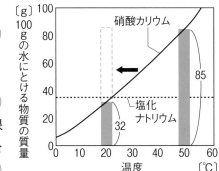

□(1) 図のようなグラフのことを何というか。

（　　　　　　）

□(2) 50℃の水100gにより多くとけるのは，塩化ナトリウムと硝酸カリウムのどちらか。

（　　　　　　）

□(3) 50℃の水100gに硝酸カリウムを，とけきれる限度である85gまでとかした。このような水溶液を何というか。　（　　　　　　）

□(4) 計算 (3)の硝酸カリウム水溶液を20℃まで冷やしたとき，とけきれなくなって出てくる固体の質量は何gか。　（　　　　　　）

□(5) (4)のように，いったん溶媒にとかした物質を，再び固体としてとり出すことを何というか。

（　　　　　　）

□(6) 記述 塩化ナトリウム水溶液から，塩化ナトリウムの固体をとり出すには，どのような操作をすればよいか。簡潔に書きなさい。（　　　　　　　　　　　　　）

② あたためた水にミョウバンを加えてよくかき混ぜたところ，ミョウバンはすべてとけた。この水溶液を冷やすと，ミョウバンの固体が出てきた。　▸▸ **2**

□(1) ろ紙などを使い，液体にとけていない固体と液体を分けることを何というか。

（　　　　　　）

□(2) (1)の操作の方法として適切なものを，ⓐ〜ⓓから選びなさい。　（　　　　　　）

ⓐ　ⓑ　ⓒ　ⓓ

□(3) 得られたミョウバンの固体は，いくつかの平面で囲まれた規則正しい形をしていた。このような固体を何というか。　（　　　　　　）

ヒント　❶ (4)とけきれなくなって出てくる量は，グラフのどの部分にあたるか。
　　　　❷ ガラス棒（ぼう）やろうとの足の位置や向きに注目しよう。

❶ 図のように，水に茶色のコーヒーシュガーを入れ，ふたをして静かに放置しておくと，数日後には，コーヒーシュガーは見えなくなり，水溶液（すいようえき）全体がうす茶色になっていた。

36点

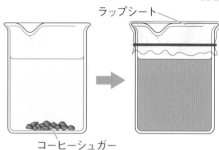

ラップシート

コーヒーシュガー

□(1)　この水溶液の溶質（ようしつ）と溶媒（ようばい）は，それぞれ何か。

□(2)　記述 水にコーヒーシュガーを入れた直後は，液の上部は無色であったが，数日後は液全体がうす茶色になっていたことから，どのようなことがわかるか。簡潔（かんけつ）に書きなさい。思

□(3)　記述 水 200 g にコーヒーシュガー 50 g をとかした水溶液の質量を測定すると，250 g であった。このように物質を水にとかす前後で，物質全体の質量が変わらないのはなぜか。水やコーヒーシュガーの粒子（りゅうし）の「数」と「1個の質量」に注目して，簡潔に書きなさい。思

□(4)　計算 水 200 g にコーヒーシュガー 50 g をとかした水溶液の質量パーセント濃度（のうど）は何％か。

□(5)　計算 水にコーヒーシュガーをとかして 10 ％の水溶液を 300 g つくるには，水は何 g 必要か。

❷ 細かい砂（すな）の混ざった塩化ナトリウム水溶液がビーカーの中に入っている。これをろ過して，細かい砂をとり除く（のぞく）実験を行った。

16点

□(1)　作図 図 1 の器具を，ろ過のようすがわかるように図 2 にかき加えなさい。ただし，ろ紙でかくれて見えない部分は，破線でかき，手はかかなくてよい。技

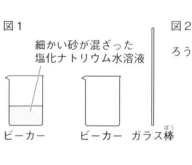

図1
細かい砂が混ざった
塩化ナトリウム水溶液
ビーカー　　ビーカー　ガラス棒（ぼう）

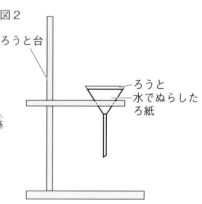

図2
ろうと台
ろうと
水でぬらした
ろ紙

□(2)　記述 ろ過によって細かい砂と塩化ナトリウムを分けることができるのはなぜか。「ろ紙の穴（あな）」「粒子」という語句を使って，簡潔に書きなさい。思

❸ 塩化ナトリウム水溶液の再結晶（さいけっしょう）について答えなさい。

20点

□(1)　塩化ナトリウム水溶液は，純物質（じゅんぶっしつ）（純粋（じゅんすい）な物質）か，混合物か。

□(2)　記述 塩化ナトリウム水溶液から塩化ナトリウムをとり出すには，どのようにすればよいか。簡潔に書きなさい。

□(3)　記述 (2)の方法が適している理由を，「温度」「溶解度（ようかいど）」という語句を用いて，簡潔に書きなさい。

❹ グラフは，4種類の物質の溶解度と温度の関係を示した溶解度曲線である。思

28点

□(1) 4種類の物質を，それぞれ80℃の水100gにとける
だけとかし，4種類の飽和水溶液をつくった。この飽
和水溶液をそれぞれ20℃まで冷やしたとき，100g
以上の結晶ができる物質の物質名を答えなさい。

□(2) 硝酸カリウム80gと塩化カリウム40gを混ぜた混合
物がある。これを水100gに入れて加熱してすべて
をとかすには，何℃以上にしなければならないか。㋐
～㋓から選びなさい。

㋐ 30℃ 　㋑ 40℃ 　㋒ 50℃ 　㋓ 60℃

□(3) 計算 (2)でできた水溶液を10℃まで冷やすと，約何g
の結晶が出てくるか。㋐～㋓から選びなさい。

㋐ 10g 　㋑ 40g 　㋒ 70g 　㋓ 100g

□(4) 計算 水50gを100℃に加熱し，これに硝酸ナトリウ
ム60gをとかした。この水溶液を40℃まで冷やすと，
約何gの硝酸ナトリウムの結晶が出てくるか。

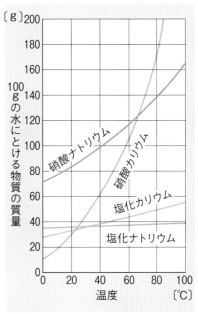

❶	(1) 溶質 4点		溶媒 4点
	(2) 7点		
	(3) 7点		
	(4) 7点	(5) 7点	

❷	(1) 図に記入 8点	
	(2) 8点	

❸	(1) 5点	(2) 7点
	(3) 8点	

❹	(1) 7点	(2) 7点	(3) 7点	(4) 7点

定期テスト
予報 　溶解度を利用した再結晶について，よく問われます。
ろ過の操作方法を確認し，溶解度曲線の読みとりや濃度の計算に慣れておきましょう。

（　）と□□にあてはまる語句を答えよう。

1 状態変化　▶▶①

□(1) 物質は加熱したり冷却したりすることにより，固体，①（　　　　　　　　），気体と状態が変化する。物質が固体，①，気体の間で状態を変えることを②（　　　　　　　　）という。

□(2) 物質が状態変化するとき，体積は変化③（　　　　　　　）が，質量は変化④（　　　　　　　）。

□(3) 物質をつくる粒子には，物質ごとに決まった⑤（　　　　　　　）があり，物質の状態が変わっても，粒子の数は変化⑥（　　　　　　）。

□(4) 物質は状態によって，粒子の並び方や⑦（　　　　　　　）のようすが異なる。

□(5) 物体を加熱すると，粒子の運動はしだいに激しくなり，固体から液体，気体へと変化するにしたがい，粒子どうしの間隔は⑧（　　　　　　　）なる。

□(6) 図の⑨〜⑪

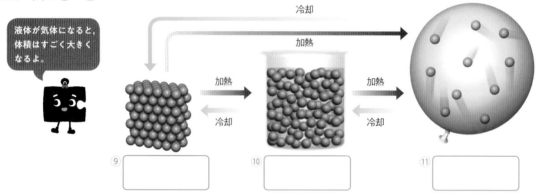

液体が気体になると，体積はすごく大きくなるよ。

冷却

加熱

加熱　加熱

冷却　冷却

⑨　　　　⑩　　　　⑪

2 状態変化と温度　▶▶②

□(1) 氷がとけて水へと変化する間も，水が沸騰して水蒸気へと変化する間も，温度は①（　　　　　　　）である。

□(2) 液体が沸騰して気体に変化するときの温度を②（　　　　　　）という。

□(3) 固体がとけて液体に変化するときの温度を③（　　　　　　）という。

□(4) 純物質(純粋な物質)が状態変化している間は，加熱し続けても温度は④（　　　　　　）である。

□(5) 物質の沸点や融点は，物質の⑤（　　　　　　　　）によって決まっている。

□(6) 図の⑥〜⑦

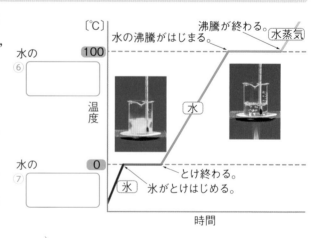

〔℃〕
水の ⑥□
100
温度
沸騰が終わる。　水蒸気
水の沸騰がはじまる。
水

水の ⑦□
0
とけ終わる。
氷　氷がとけはじめる。
時間

要点
●物質が固体，液体，気体の間で状態を変えることを**状態変化**という。
●液体が気体に変化する温度を**沸点**，固体が液体に変化する温度を**融点**という。

52

4. 状態変化(1)

1 図のように，液体のエタノールをポリエチレンの袋に入れ，口を閉じて，熱湯の中に入れてあたためた。　▶▶ **1**

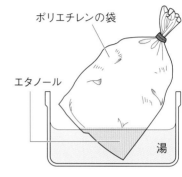

ポリエチレンの袋

エタノール

湯

□(1) あたためたあとのエタノールの状態は，固体，液体，気体のどれか。　（　　　　　）

□(2) このとき，袋全体の体積と質量は，あたためる前と比べてどうなるか。⑦～⑨から１つずつ選びなさい。

体積（　　　　　）　質量（　　　　　）

⑦　大きくなる。　④　小さくなる。　⑨　変化しない。

□(3) 図ⓐ，ⓑは，エタノールのようすを粒子のモデルで表したものである。あたためたときのようすを表しているほうを選びなさい。　（　　　　　）

□(4) ポリエチレンの袋を湯からとり出して置いておくと，エタノールの状態は，固体，液体，気体のどれになるか。
（　　　　　）

□(5) 物質が固体，液体，気体の間で状態を変えることを何というか。　（　　　　　）

ⓐ  ⓑ

2 氷を加熱したときの温度変化を調べる実験を行った。図は，加熱した時間と温度の関係を表している。　▶▶ **2**

□(1) 図の温度 X，Y のことを，いっぱんに何というか。

X（　　　　　）　Y（　　　　　）

□(2) 水の場合，温度 X，Y は，それぞれ何度か。

X（　　　　　）℃　Y（　　　　　）℃

□(3) 固体と液体が混ざっている状態となっているのはどの点か。図のA～Dから選びなさい。
（　　　　　）

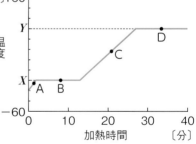

□(4) 温度 X，Y は，物質の種類によって決まっている。表は，５種類の物質⑦～⑨の温度 X，Y をまとめたものである。このうち，－200℃では固体で，100℃では気体である物質を選びなさい。　（　　　　　）

物　質	⑦	④	⑨	⑤	⑦
X〔℃〕	－218	－115	－39	63	1538
Y〔℃〕	－183	78	357	360	2862

ヒント **1** (3)加熱すると，粒子の運動は激（はげ）しくなる。
2 物質は温度 X で固体から液体に，温度 Y で液体から気体に変化する。

( )と□にあてはまる語句を答えよう。

1 グラフのかき方 ▶▶①

□(1) グラフの①(　　　　　)軸には実験で「変化させた量」を, ②(　　　　　)軸にはその結果「変化した量」をとる。

□(2) 測定した③(　　　　　)の値がかきこめるように1目盛りの大きさを決める。

□(3) 測定値を点(・)ではっきりと正確に記入し, 点の並びぐあいを見て, ④(　　　　　)か直線か判断する。

□(4) 真の値と測定値の差を⑤(　　　　　)という。

□(5) 線を引くときには, ⑤があることを考えて, 単純に⑥(　　　　)線で引いてはいけない。

□(6) 図の⑦〜⑨

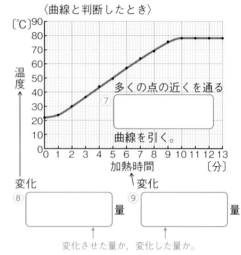

〈曲線と判断したとき〉

多くの点の近くを通る
⑦
曲線を引く。

変化 ⑧　　　　　量　　変化 ⑨　　　　　量

変化させた量か, 変化した量か。

2 混合物の分け方 ▶▶②

□(1) 混合物の①(　　　　　)や融点は決まった温度にならない。

□(2) 液体を加熱して沸騰させ, 出てくる気体を冷やして再び液体にして集めることを②(　　　　　)という。

□(3) 蒸留を利用すると, 混合物中の物質の③(　　　　　)のちがいにより, 物質を分離できる。

□(4) 水とエタノールの沸点を比べると, ④(　　　　　)のほうが低い。このため水とエタノールの混合物を加熱して蒸留すると, 先により沸点の低い④を多くふくむ液体が出てくる。この液体に火を近づけると, 火が⑤(　　　　　)。

□(5) (4)の蒸留を続けると, しだいに④の割合が⑥(　　　　　)なる。

□(6) 図の⑦

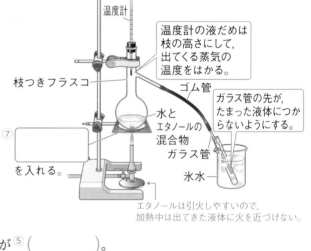

温度計

温度計の液だめは枝の高さにして, 出てくる蒸気の温度をはかる。

枝つきフラスコ

ゴム管

ガラス管の先が, たまった液体につからないようにする。

水とエタノールの混合物

ガラス管

氷水

⑦　　　　　を入れる。

エタノールは引火しやすいので, 加熱中は出てきた液体に火を近づけない。

| 要点 | ●グラフの線を引くときには誤差を考えて, なめらかな曲線や直線を引く。
●沸点のちがいを利用し, 蒸留によって混合物から目的の物質を分離できる。 |

4. 状態変化⑵

❶ 図は，エタノールが沸騰^{ふっとう}するまでの温度を測定した結果をグラフにしたものであるが，線の引き方が誤っている。　▶▶ **1**

□(1) グラフの横軸^{よこじく}と縦軸^{たてじく}には，それぞれどのような量をとればよいか。⑦〜④から選びなさい。（　　　）

⑦　横軸：変化の小さい量　　縦軸：変化の大きい量

④　横軸：変化の大きい量　　縦軸：変化の小さい量

⑦　横軸：変化した量　　　　縦軸：変化させた量

④　横軸：変化させた量　　　縦軸：変化した量

□(2) グラフは各点をつないだ単純^{たんじゅん}な折れ線にしてはいけない。これは，測定値^{そくていち}と真の値^{あたい}との間に差があるからである。この差のことを何というか。

（　　　　　　　　　）

□(3) 記述 図のグラフの場合，どのように線を引くのがよいか。簡潔^{かんけつ}に書きなさい。

（　　　　　　　　　　　　　　　　　　　　）

❷ 図1の装置^{そうち}で，水20 cm³とエタノール5 cm³の混合物を加熱し，出てきた液体を順に3本の試験管に約3 cm³ずつ集めた。図2は，このときの温度変化のようすである。　▶▶ **2**

□(1) 加熱中に液が急に沸騰^{ふっとう}して飛び出すのを防ぐため，枝つきフラスコの中に入れてあるAを何というか。

（　　　　　　　　　）

□(2) 液体が沸騰しはじめたのは，加熱してから約何分後か。（　　　　　　）

□(3) 図2の①ab間，②点c付近で試験管に集められた液体は，それぞれどのようなものか。⑦〜⑦から1つずつ選びなさい。　①（　　　）②（　　　）

⑦　多量のエタノールと少量の水の混合物

④　エタノールと水がほぼ同量である混合物

⑦　多量の水と少量のエタノールの混合物

□(4) この実験のように，液体を加熱して沸騰させ，出てくる気体を冷やして再び液体にして集める方法を何というか。（　　　　　　　　）

□(5) この実験で水とエタノールの混合物から，水とエタノールを分けることができるのは，水とエタノールの何がちがうからか。（　　　　　　　）

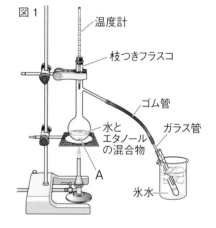

図1

温度計
枝つきフラスコ
ゴム管
ガラス管
水とエタノールの混合物
A
氷水

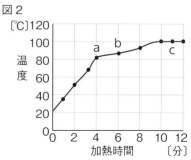

図2

ヒント ❶(1) 問題のグラフでは，横軸に加熱時間，縦軸にそのときの温度がとってあることから考える。

❷(3) エタノールと水では，エタノールのほうが先に沸騰するので，エタノールが先に出てくる。

4. 状態変化

時間 30分 ／100点　合格 70点　解答 p.16

① 図は，物質の状態変化と熱のやりとりを模式的に表したもので，矢印のⓐ～ⓕは，加熱または冷却を示している。

32点

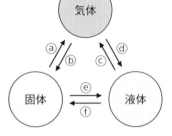

□(1) 図の矢印のうち，冷却を示しているものの組み合わせを，⑦～⑰から選びなさい。

　⑦　ⓐ，ⓒ，ⓔ　　　　⑦　ⓐ，ⓓ，ⓔ　　　　⑦　ⓐ，ⓓ，ⓕ

　⑦　ⓑ，ⓒ，ⓔ　　　　⑦　ⓑ，ⓓ，ⓔ　　　　⑦　ⓑ，ⓓ，ⓕ

□(2) 空気をおい出したポリエチレンの袋に，ドライアイス（固体の二酸化炭素）の小さなかたまりを入れて口を閉じたところ，袋が大きくふくらんだ。思

　① 袋が大きくふくらんだときの，二酸化炭素の状態変化を表した矢印を，図のⓐ～ⓕから選びなさい。

　② 袋がふくらんだとき，二酸化炭素の質量と密度は，それぞれどのように変化するか。⑦～⑦から1つずつ選びなさい。

　　⑦　大きくなる。　　　⑦　小さくなる。　　　⑦　変化しない。

□(3) 水（液体）が氷（固体）や水蒸気（気体）になるとき，その体積はどのように変化するか。⑦～⑰から選びなさい。

　⑦　固体になるときも，気体になるときも，体積は大きくなる。

　⑦　固体になるときは体積が大きくなるが，気体になるときは体積は小さくなる。

　⑦　固体になるときは体積が小さくなるが，気体になるときは体積は大きくなる。

　⑰　固体になるときも，気体になるときも，体積は小さくなる。

□(4) 記述 いっぱんに，物質を加熱すると，物質をつくる粒子の運動と粒子どうしの間隔はどうなるか。簡潔に書きなさい。思

② 表は，5種類の物質A～Eを加熱していき，状態が変化したときの温度を示したものである。

34点

物　質	A	B	C	D	E
固体がとけて液体になる温度〔℃〕	−218	−115	−39	0	63
液体が沸騰して気体になる温度〔℃〕	−183	78	357	100	360

□(1) 表の，①固体がとけて液体になる温度，②液体が沸騰して気体になる温度をそれぞれ何というか。

□(2) ①～④にあてはまる物質を，表のA～Eから1つずつ選びなさい。思

　① 20℃で固体の物質　　　② 20℃で気体の物質

　③ −20℃では固体，20℃では液体である物質

　④ 40℃のときと250℃のときのどちらも液体の物質

□(3) エタノールと水を，表のA～Eからそれぞれ選びなさい。

❸ 図1のように，水とエタノールの混合物 10 cm³ をゆっくり加熱し，出てきた液体を順にA，B，Cの3本の試験管に2cm³ ずつ集めた。

34 点

□(1) 記述 水とエタノールの混合物を入れたフラスコの中に，沸騰石を入れて加熱した理由を簡潔に書きなさい。技

□(2) 作図 沸騰して出てきた蒸気の温度を測定するには，温度計の液だめをどの位置にすればよいか。図2にかき入れなさい。技

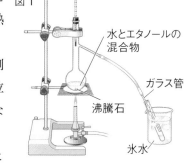
図1
水とエタノールの混合物
ガラス管
沸騰石
氷水

図2

□(3) 水とエタノールの混合物を加熱したときの時間と温度の関係を表したグラフはどのようになるか。ⓐ〜ⓓから選びなさい。

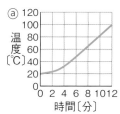
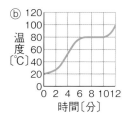
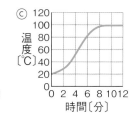
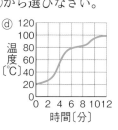

□(4) 試験管に集めた液体をそれぞれ別の蒸発皿にとり，マッチの火を液面に近づけたところ，1つだけ青白い炎をあげて燃えた。思

① 燃えた液体は，A〜Cのどの試験管に集められたものか。

② 記述 ①のように答えた理由を簡潔に書きなさい。

□(5) この実験のように，液体を気体に変え，再び液体にして集めることを何というか。

（　）と □ にあてはまる語句を答えよう。

1 プレート　▶▶ **1**

□(1)　地球の表面は，十数枚の厚さ数 10 ～ 約 100 km の ①（　　　　　　）とよばれる，かたい板状の岩石のかたまりでおおわれている。

□(2)　図の②

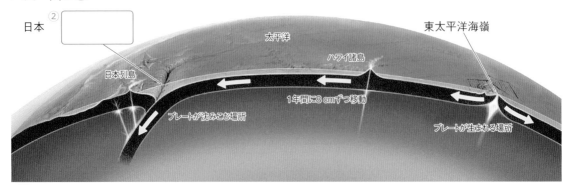

日本　② [　　　　]

太平洋

東太平洋海嶺

ハワイ諸島

日本列島

プレートが沈みこむ場所

1年間に8cmずつ移動

プレートが生まれる場所

2 身近な大地の変化　▶▶ **2** **3**

□(1)　大地がもち上がることを ①（　　　　　　），大地が沈むことを ②（　　　　）という。

□(2)　長期間大きな力を受け，大地が波打つように曲がることを ③（　　　　　　）という。

□(3)　大きな力を受けて，大地が割れてずれ動くことがある。このずれを ④（　　　　　）という。

⑤ [　　　　　　]

⑥ [　　　　　　]

□(4)　図の⑤～⑥

□(5)　れき・砂・泥は，粒の ⑦（　　　　　　　　）をもとに区別する。

□(6)　丸みを帯びた粒からなる地層や海の生物の化石をふくむ地層の露頭があれば，その場所は昔，⑧（　　　　　）にあり，⑨（　　　　　）して地表に現れたことが推測できる。

□(7)　溶岩の露頭があれば，その周辺で ⑩（　　　　　）の活動があったことが推測できる。

> 地層や岩石などが地表に現れている崖（がけ）などを露頭というんだね。

要点
●地球の表面は，十数枚の**プレート**でおおわれている。
●大地がもち上がることを**隆起**，大地が沈むことを**沈降**という。

1. 身近な地形や地層

時間 **15分** ｜ 解答 p.18

① 図は，ヒマラヤ山脈付近の地下のプレートのようすを表したものである。 ▶▶ **1**

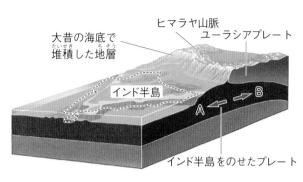

ヒマラヤ山脈
ユーラシアプレート
大昔の海底で堆積した地層
インド半島
A ← → B
インド半島をのせたプレート

□(1) 地球の表面をおおうプレートの数として適切なものを，⑦～⑤から１つ選びなさい。 （　　　）
　　⑦　数枚　　　⑦　十数枚
　　⑦　数十枚　　⑤　数百枚

□(2) インド半島をのせたプレートは，A，Bのどちらの向きに動いているか。 （　　　）

□(3) 記述 ヒマラヤ山脈などの高く盛り上がった大地は，どのようにしてつくられたと考えられるか。「プレート」「衝突」という語句を使って簡潔に書きなさい。
（　　　　　　　　　　　　　　　　　　　　　　　　　　　　　　）

② A～Cは，いろいろな大地の変化を表したものである。 ▶▶ **2**

□(1) Aのように，横につながっていた地層が途中でずれ動いたものを何というか。
（　　　　　）

□(2) Bのように，地層などが波打ったつくりを何というか。 （　　　　　）

A 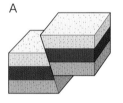　　B 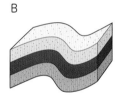　　C

□(3) ①～③は，A～Cのどれについて説明したものか。
　　①　大きな力によって，大地が割れてずれ動いた。 （　　　）
　　②　水平に堆積した地層が隆起したときに傾いた。 （　　　）
　　③　長期間大きな力を受けて，波打つように曲がった。 （　　　）

③ 表は，粒の大きさによって土砂を区別したものである。 ▶▶ **2**

□(1) A～Cにあてはまる語句をそれぞれ書きなさい。
　　A（　　　　）　B（　　　　）　C（　　　　）

□(2) 丸みのあるAからなる地層の露頭は，かつてはどのような場所にあったと考えられるか。 （　　　　　）

粒の種類	粒の大きさ	
A		大きい
B	2 mm ★ $\frac{1}{16}$ mm	↕
C		小さい

★：約 0.06 mm

ミスに注意 **①**(3) 必ず「プレート」「衝突」の両方の語句を使うこと。
ヒント **③**(2) Aは流れる水のはたらきで角がとれて丸みを帯びている。

地球

大地の成り立ちと変化

ぴたトレ
1
要点チェック

2. 地震の伝わり方と
　　地球内部のはたらき(1)

時間
10分

解答
p.18

（　）と□□□にあてはまる語句を答えよう。

1 ゆれの発生　▶▶❶❷

□(1) 地震は，大きな力によってひずんでいた地下の岩石が一気に破壊され，ずれて
① （　　　　　　　）ができたり，①が再び動いたりすることで起こる。

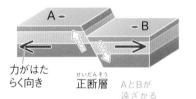

力がはた
らく向き

正断層
AとBが
遠ざかる

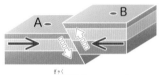

逆断層
AとBが
近づく

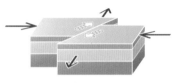

横ずれ断層

□(2) 最初に岩石が破壊された場所を② （　　　　　　　），その真上に
ある地表の位置を③ （　　　　　　　）という。

震央（しんおう）から震源（しんげん）
までの距離が震源の深さだね。

□(3) 地震のゆれのうち，はじめの小さなゆれを④ （　　　　　　　），
続いてはじまる大きなゆれを⑤ （　　　　　　　）という。

□(4) 初期微動がはじまってから主要動がはじまるまでの時間を
⑥ （　　　　　　　　　　　）という。

□(5) 図の⑦〜⑪

⑦ □

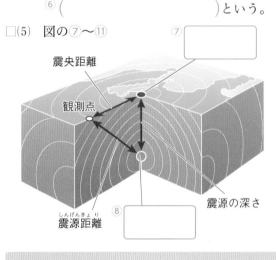

震央距離

観測点

震源の深さ

震源距離
⑧ □

⑨ □　　　　動

⑩ □　　　　動

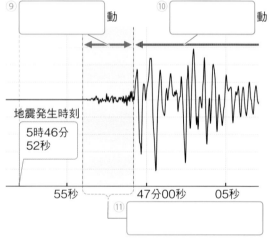

地震発生時刻
5時46分
52秒

55秒　　　47分00秒　　　05秒

⑪ □

2 ゆれの伝わり方　▶▶❷❸

□(1) 地震の波のうち，① （　　　　　　　）が届くと初期微動，② （　　　　　　　）が届くと主要動
がはじまる。

□(2) P波とS波は，震源から③ （　　　　　　　）に発生し伝わりはじめるが，伝わる速さがちがう
ため，震源距離が長いほど，初期微動継続時間が④ （　　　　　　　）なる。

要点
●はじめにP波による初期微動，続いてS波による主要動がはじまる。
●震源距離が長いほど，初期微動継続時間が長くなる。

2. 地震の伝わり方と地球内部のはたらき(1)

1 図は，地震が起こり，最初に岩石が破壊された場所付近のようすを表したものである。　▶▶ **1**

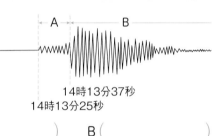

□(1) 最初に岩石が破壊された場所Aを何というか。

(　　　　　　　　　)

□(2) (1)の真上にある地表の位置Bを何というか。

(　　　　　　　　　)

□(3) ⓐ～ⓒの距離をそれぞれ何というか。⑦～⑨から１つずつ選びなさい。

ⓐ(　　　　)　ⓑ(　　　　)　ⓒ(　　　　)

⑦　震央距離　　⑦　震源距離　　⑨　震源の深さ

---

2 図は，ある地点での地震のゆれの記録である。　▶▶ **1** **2**

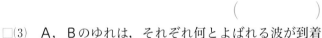

□(1) A，Bのゆれをそれぞれ何というか。

A(　　　　　　　)　B(　　　　　　　)

□(2) **計算** この地点での初期微動継続時間は何秒か。

(　　　　　　　　)

□(3) A，Bのゆれは，それぞれ何とよばれる波が到着するとはじまるか。　A(　　　　　)　B(　　　　　)

14時13分37秒
14時13分25秒

---

3 図は，ある地震の震源距離とP波・S波が届くまでの時間の関係を表したものである。　▶▶ **2**

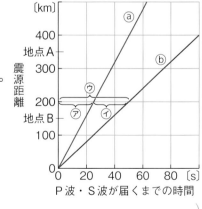

□(1) ⓐ，ⓑのグラフは，それぞれP波，S波のどちらを表しているか。

ⓐ(　　　　　)　ⓑ(　　　　　)

□(2) 初期微動継続時間を表しているのは，⑦～⑨のどれか。

(　　　　　　　　)

□(3) 初期微動継続時間が長いのは，A，Bどちらの地点か。

(　　　　　　　　)

□(4) **記述** (3)で答えた理由を，「震源距離」「P波・S波」「時間の差」という語句を使って簡潔に書きなさい。

(　　　　　　　　　　　　　　　　　　　　　　)

ヒント　**2**(2) 初期微動継続時間は，「主要動がはじまった時刻(じこく)」－「初期微動がはじまった時刻」となる。

ミスに注意　**3**(4) 理由を問われているので，「～から。」や「～ため。」のように答える。

61

地球

大地の成り立ちと変化

ぴたトレ
1
要点チェック

2. 地震の伝わり方と
地球内部のはたらき(2)

時間 10分

解答 p.19

（　）と □ にあてはまる語句を答えよう。

1 ゆれの大きさ

□(1) 地震のゆれの大きさを 0 〜 7 の 10 階級で表したものを ①（　　　　　　）という。

□(2) ふつう，震央(震源)から近いところほど震度は ②（　　　　　　）なる。

□(3) 地震そのものの規模の大小は，③（　　　　　　　　）(記号：M)で表される。

2 日本列島の地震

□(1) 日本列島付近の地震の震央は，海溝やトラフを境に
大陸側に多く分布している。

海溝よりも浅い海底の谷をトラフというんだよ。

□(2) 日本列島の下では，①（　　　　　　）プレートの
下に ②（　　　　　）プレートが沈みこんでおり，
プレートに大きな力がはたらき続けている。

□(3) 震源が深い地震は，沈みこむ海洋プレート
に沿って起こり，日本海溝から大陸側に向
かって深さが ③（　　　　　）なる。

□(4) 日本列島付近で起こる地震には，海溝やト
ラフ付近で起こる海溝(プレート境界)型地
震と，内陸で起こる ④（　　　　　）型地震
がある。

□(5) 海溝(プレート境界)型地震は，沈みこむ海
洋プレートに大陸プレートが引きずられて，
その周辺にひずみがたまり，やがて岩石が
破壊されることで起こる。

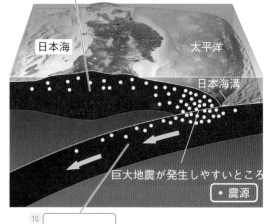

日本海　太平洋

日本海溝

巨大地震が発生しやすいところ

・震源

プレート

□(6) 海溝(プレート境界)型地震では，海底の変形にともなって ⑤（　　　　　　）が起こることが
ある。

□(7) 過去にくり返してずれ動き，今後もずれ動く可能性のある断層を ⑥（　　　　　　）という。
内陸型地震は，海洋プレートによって大陸プレートが大陸側に押されることによってひず
みが生じ，破壊されて断層ができたり，⑥が再びずれたりして起こる。

□(8) 内陸型地震では，震源が浅いと震源距離が ⑦（　　　　　）なるので，マグニチュードが小
さくても，地表が ⑧（　　　　　）ゆれることがある。

□(9) 図の ⑨〜⑩

要点

●地震のゆれの大きさは震度，規模の大小はマグニチュードで表される。
●日本列島の地震は，プレートの動きによって起こる。

2. 地震の伝わり方と 地球内部のはたらき⑵

① 図は，2つの地震の震度分布を表したものである。 ▶▶ **1**

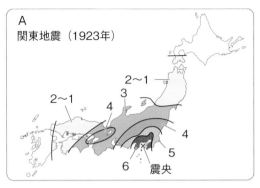

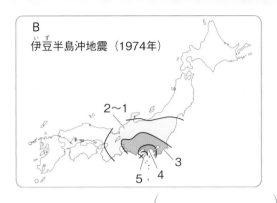

- □(1) 震度は何階級に分けられているか。 （　　　　　　）
- □(2) ふつう，震央に近いほど，震度は大きくなるか，小さくなるか。 （　　　　　）
- □(3) マグニチュードが大きかったと考えられるのは，A，Bどちらの地震か。 （　　　　）
- □(4) 記述 (3)で答えた理由を，「ゆれを感じる範囲」「ゆれの大きさ」という語句を使って簡潔に書きなさい。
  （　　　　　　　　　　　　　　　　　　　　　　　　　　　　　　　　　　）

② 図は，日本列島付近の地下のようすを表したものである。 ▶▶ **2**

- □(1) A，Bはそれぞれ何を表しているか。
  A（　　　　　　）
  B（　　　　　　）
- □(2) 図の震源が深い地震について適当なものを，⑦～㋤から1つ選びなさい。
  （　　　　　）

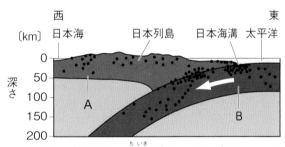

・はある1年間にこの地域で起こったマグニチュード3.0以上の地震の震源である。

  - ⑦ 日本海溝から大陸側に向かって，震度が小さくなる。
  - ㋑ 日本海溝から大陸側に向かって，震度が大きくなる。
  - ㋒ 日本海溝から大陸側に向かって，震源が浅くなる。
  - ㋤ 日本海溝から大陸側に向かって，震源が深くなる。
- □(3) 海溝やトラフ付近で起こる地震を何というか。 （　　　　　　）
- □(4) 過去にくり返しずれ動き，今後もずれ動く可能性がある断層を何というか。
  （　　　　　　　　）
- □(5) (4)による地震のように，内陸で起こる地震を何というか。 （　　　　　　）

ヒント **①** (1) 震度5，6は，さらに強・弱に分けられている。

ミスに注意 **①** (4) 理由を問われているので，文末は「～から。」や「～ため。」のようにする。

ぴたトレ
3
確認テスト

1. 身近な地形や地層
2. 地震の伝わり方と
　　地球内部のはたらき

| 時間30分 | /100点 | 合格70点 | 解答p.19 |

❶ 図1は，地震のゆれを記録する装置，図2は，ある地震のゆれを図1の装置を利用して記録したものである。　　　26点

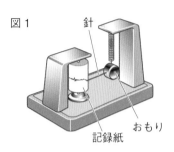

図1

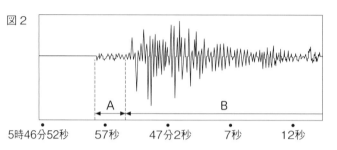

図2

□(1) 図1の地震のゆれを記録する装置を何というか。

点UP □(2) 記述 図1の装置で，地震のゆれを記録できる理由を，「おもり」「針」「記録紙」という語句を使って簡潔に書きなさい。技

□(3) 図2の地震のゆれA，Bをそれぞれ何というか。

□(4) 図2のゆれAがはじまってからゆれBがはじまるまでの時間を何というか。

よく出る ❷ 表は，地表付近で発生した地震を，観測点A〜Cで観測した記録である。　　　36点

	震源距離	P波の到着時刻	S波の到着時刻
A	40 km	0時3分25秒	0時3分30秒
B	80 km	0時3分30秒	0時3分40秒
C	160 km	0時3分40秒	0時4分0秒

□(1) 作図 P波・S波の到着時刻と震源距離の関係を表すグラフを，右の図にかきなさい。技

□(2) 震度がもっとも大きかったと思われるのは，観測点A〜Cのどこか。

□(3) この地震の発生時刻を，㋐〜㋓から1つ選びなさい。

　㋐　0時3分15秒　　㋑　0時3分20秒　　㋒　0時3分25秒　　㋓　0時3分30秒

□(4) 計算 A地点での初期微動継続時間は何秒か。

□(5) 計算 P波は秒速何kmの速さで伝わったか。思

点UP □(6) 計算 震源距離が120 kmの地点では，地震が発生してから何秒後に初期微動を感じるか。思

□(7) P波とS波について適当でないものを，㋐〜㋓から1つ選びなさい。

　㋐　P波のほうがS波よりも早く発生する。

　㋑　P波のほうがS波よりも伝わるのが速い。

　㋒　P波とS波は同心円状に広がっていく。

　㋓　S波が届くと主要動がはじまる。

成績評価の観点　技…観察・実験の技能　思…科学的な思考・判断・表現

③ 図は，日本列島付近のプレートのようすを表したものである。 38点

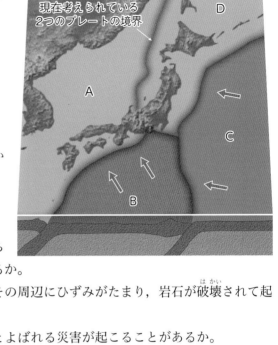

現在考えられている
2つのプレートの境界

□(1) プレートの厚さとして適当なものを，⑦〜
  ⊆から1つずつ選びなさい。
  ⑦ 数 100 m 〜約 1 km
  ⑦ 数 km 〜約 10 km
  ⑦ 数 10 km 〜約 100 km
  ⊆ 数 1000 km 〜約 10000 km
□(2) A〜Dのプレートをそれぞれ何というか。
□(3) ①，②にあてはまるプレートを，A〜Dか
  らすべて選びなさい。
  ① 大陸プレート
  ② 海洋プレート
□(4) CとDのプレートの境界では，C，Dどち
  らのプレートが地球内部に沈みこんでいるか。
□(5) (4)のプレートの沈みこみにともなって，その周辺にひずみがたまり，岩石が破壊されて起
  こる地震を何というか。
□(6) (5)の地震で，海底の変形にともなって何とよばれる災害が起こることがあるか。

定期テスト 予報　地震の記録に関する問題がよく出題されます。
初期微動継続時間やP波，S波の速さの求め方を身につけておきましょう。

（　）と □ にあてはまる語句を答えよう。

1 火山とマグマ ▶▶①

□(1) 火山の噴火によって噴出する溶岩や火山灰などを ①（　　　　　　　　　）という。

□(2) 地下深いところの岩石の一部は，高温などのために，どろどろにとけた ②（　　　　　　　　　）になっており，それがもとになって火山噴出物ができる。

□(3) マグマは，地下のマグマだまりに一時的にたくわえられ，冷えてくると，一定の形や色をした結晶である ③（　　　　　　　　　）ができはじめる。

□(4) 図の④

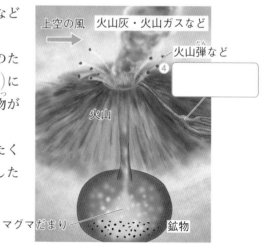

上空の風　火山灰・火山ガスなど

火山弾など

④

火山

マグマだまり　鉱物

2 火山噴出物 ▶▶①②

□(1) 火山れきと火山灰は粒の大きさで区別され，直径 2 mm 以下の粒が火山灰である。

□(2) ふき飛ばされたマグマが空中や着地時に特徴的な形を示すようになったものが ①（　　　　　　　　　）である。

□(3) 火山噴出物のうち，軽石は小さな穴がたくさんあいていて，軽い。

□(4) 火山噴出物のうち，②（　　　　　　　　　）のおもな成分は水蒸気で，二酸化炭素や硫化水素などもふくむ。

□(5) 火山によって，溶岩や火山灰にふくまれる鉱物の種類やその割合が異なるのは，鉱物をつくるもとになった ③（　　　　　　　　　）の性質などがちがうからである。

火山弾（マグマが空中で冷え固まったもの）

水に浮く軽石

鉱物の種類

カンラン石　　キ石　　カクセン石　　クロウンモ　　チョウ石　　セキエイ　　磁鉄鉱

要点
●マグマだまりに一時的にたくわえられたマグマが冷えて鉱物ができはじめる。
●火山によって，溶岩や火山灰に見られる鉱物の種類や量がちがう。

3. 火山活動と火成岩(1)

1 図は，火山の地下のようすを表したものである。　▶▶ 1 2

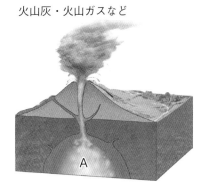

火山灰・火山ガスなど

A

□(1) 火山噴出物のもととなる，地下深くにある岩石がとけたものを何というか。（　　　　　　　）

□(2) Aは，(1)が上昇して一時的にたくわえられるところである。Aを何というか。（　　　　　　　）

□(3) Aで(1)が冷やされてできはじめる，一定の形や色などをした結晶を何というか。（　　　　　　　）

□(4) 火山ガスのおもな成分は何か。（　　　　　　　）

□(5) 火山噴出物のうち，直径2mm以下の粒のことを何というか。（　　　　　　　）

□(6) 火山噴出物のうち，小さな穴がたくさんあいていて軽いものは何か。（　　　　　　　）

□(7) 記述 (6)の小さな穴は，どのようにしてできたものか。「火山ガス」という語句を使って簡潔に書きなさい。

（　　　　　　　　　　　　　　　　　　　　　　　　　　　　　　　）

2 別の場所で採取した2種類の火山灰を洗い，双眼実体顕微鏡で観察すると，写真のような粒が見られた。　▶▶ 2

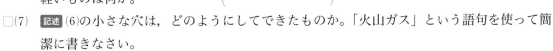

A　　　　　　B

□(1) 火山灰の洗い方として適当なものを，⑦〜⑨から1つ選びなさい。（　　　　　）
　⑦　粒が細かくなるまで強く洗う。
　⑦　親指の先でかき回すようにして洗う。
　⑦　親指の腹でこねる（おす）ように洗う。

□(2) Aの火山灰の中には，磁石に引きつけられるものがあった。この鉱物の名前を⑦〜⊕から選びなさい。（　　　　　）
　⑦　カンラン石　　⑦　セキエイ　　⑦　磁鉄鉱　　⊕　クロウンモ

□(3) 全体が白っぽいのは，A，Bどちらの火山灰か。（　　　　　）

□(4) 記述 AとBで火山灰全体の色がちがう理由を「鉱物」という語句を使って簡潔に書きなさい。

（　　　　　　　　　　　　　　　　　　　　　　　　　　　　　　　）

□(5) 火山によって，火山灰に見られる鉱物の種類やその割合がちがうのは，鉱物をつくるもとになった何の性質がちがうためか。（　　　　　）

ヒント　**1** (7)マグマには，火山ガス（気体）がとけこんでいる。

ミスに注意　**2** (4)理由を問われているので，「〜から。」や「〜ため。」のように答える。

( )と ☐ にあてはまる語句を答えよう。

1 噴火のしくみ ▶▶❶

☐(1) マグマに泡が現れはじめると,マグマは膨張して密度が小さくなり,上昇する。

☐(2) マグマが大地の割れ目などを通るなどして地表に噴出することを①( )という。

物質1cm³あたりの質量を密度というんだね。

☐(3) 現在活動している火山や,おおむね過去1万年以内に噴火したことのある火山を②( )という。②の数は110以上ある。

2 マグマの性質と火山 ▶▶❷

☐(1) マグマのねばりけが①( )と,溶岩が流れやすく,傾斜がゆるやかな火山になる。

☐(2) マグマのねばりけが②( )と,溶岩が流れにくく,傾斜が急なドーム状の火山になる。

☐(3) マグマのねばりけが③( )と,溶岩をおだやかに大量にふき上げて噴火する。

☐(4) マグマのねばりけが④( )と,マグマの中の泡がぬけにくいためにたまり,爆発的な噴火になることがある。

☐(5) 表の⑤〜⑩

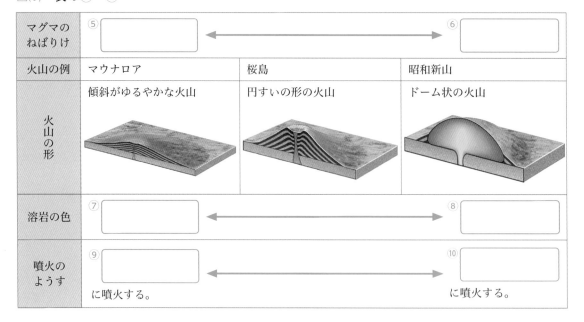

マグマのねばりけ	⑤ ←――――――――――→ ⑥		
火山の例	マウナロア	桜島	昭和新山
火山の形	傾斜がゆるやかな火山	円すいの形の火山	ドーム状の火山
溶岩の色	⑦ ←――――――――――→ ⑧		
噴火のようす	⑨ に噴火する。 ←――――――――――→ ⑩ に噴火する。		

要点	●マグマのねばりけが小さいと,傾斜がゆるやかな火山になる。 ●マグマのねばりけが大きいと,ドーム状の火山になる。

① 地下深くにあるマグマに泡が現れはじめると，噴火がはじまる。 ▶▶ **1**

□(1) 地下深くにあるマグマに現れる泡は，噴火のときに何になってマグマからぬけるか。⑦〜
　　　①から1つ選びなさい。　　　　　　　　　　　　　　　　　　　　　　　　　（　　　）
　　　⑦　火山灰　　　①　溶岩　　　⑦　火山れき　　　①　火山ガス

□(2) 泡が現れはじめたときのマグマのようすとして適当なものを，⑦〜①から1つ選びなさい。
　　　　　　　　　　　　　　　　　　　　　　　　　　　　　　　　　　　　　　　（　　　）

　　　⑦　膨張して密度が大きくなる。
　　　①　膨張して密度が小さくなる。
　　　⑦　収縮して密度が大きくなる。
　　　①　収縮して密度が小さくなる。

密度(g/cm³) = 質量〔g〕/体積〔cm³〕 だよ。

□(3) 泡が現れると，マグマは上昇するか，下降するか。　（　　　　　　　）

□(4) 現在活動している火山や，おおむね過去1万年以内に噴火したことのある火山を何という
　　　か。　　　　　　　　　　　　　　　　　　　　　　　　　　　　（　　　　　　　）

② A〜Cは，いろいろな火山の形を表したものである。 ▶▶ **2**

A　　　　　　　　　　　　B　　　　　　　　　　　　C

□(1) ①，②にあてはまる火山を，A〜Cからそれぞれ1つずつ選びなさい。
　　　①　ねばりけが小さいマグマによってできた火山。　　　　　　（　　　）
　　　②　ねばりけが大きいマグマによってできた火山。　　　　　　（　　　）

□(2) A〜Cのような形をした火山を，⑦〜⑦からそれぞれ記号で選びなさい。
　　　　　　　　　　　　　　　A（　　　）　　B（　　　）　　C（　　　）
　　　⑦　桜島　　　①　昭和新山や雲仙普賢岳　　　⑦　マウナロアやマウナケア

□(3) 溶岩の色について適当なものは，⑦，①のどちらか。　（　　　）
　　　⑦　ねばりけの大きいマグマでできた火山の溶岩は黒っぽく，ねばりけの小さいマグマで
　　　　　できた火山の溶岩は白っぽい。
　　　①　ねばりけの大きいマグマでできた火山の溶岩は白っぽく，ねばりけの小さいマグマで
　　　　　できた火山の溶岩は黒っぽい。

□(4) 爆発的な噴火になることがあるのは，A〜Cのどの火山か。　（　　　）

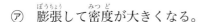
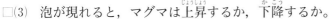

ヒント　**①** (3)密度が小さくなると上昇し，密度が大きくなると下降する。

3. 火山活動と火成岩(3)

（　）と□□□にあてはまる語句を答えよう。

1 マグマからできた岩石 ▶▶❶❷

□(1)　マグマが冷え固まってできた岩石を ①（　　　　　　　）という。

□(2)　火成岩のつくりには ②（　　　　　　　）組織と等粒状組織がある。

□(3)　斑状組織は，比較的大きな鉱物である ③（　　　　　　　）と③をとり囲んでいる ④（　　　　　　　）という部分からなる。

□(4)　⑤（　　　　　　　）組織は，石基の部分がなく，肉眼で見分けられるくらいの大きさの鉱物が組み合わさったようなつくりである。

□(5)　火成岩は，斑状組織の ⑥（　　　　　　　）と，等粒状組織の ⑦（　　　　　　　）に大別される。

□(6)　地下深くにあるマグマが地表近くに上昇して，⑧（　　　　　　　）に冷やされると，鉱物が小さなままの部分ができ，⑨（　　　　　　　）組織になる。

□(7)　地下深くのマグマが，ゆっくり冷え固まると，鉱物がじゅうぶんに成長して，⑩（　　　　　　　）組織になる。

□(8)　図の ⑪〜⑯

> 溶岩や軽石なども火成岩とよばれるよ。

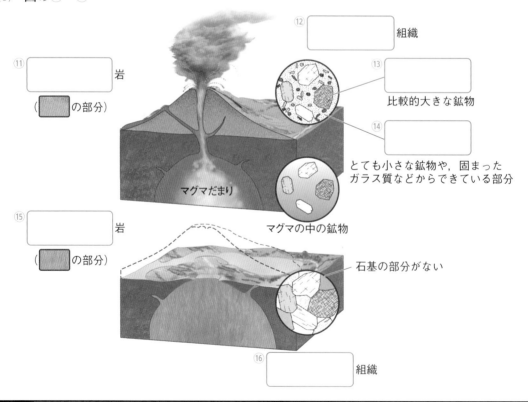

⑪ ⬚⬚⬚ 岩
（⬚⬚ の部分）

⑫ ⬚⬚⬚ 組織

⑬ ⬚⬚⬚
比較的大きな鉱物

⑭ ⬚⬚⬚
とても小さな鉱物や，固まったガラス質などからできている部分

マグマだまり

マグマの中の鉱物

⑮ ⬚⬚⬚ 岩
（⬚⬚ の部分）

石基の部分がない

⑯ ⬚⬚⬚ 組織

要点	●火山岩は，斑晶と石基からなる斑状組織，深成岩は，等粒状組織である。 ●マグマが急に冷やされると火山岩，ゆっくり冷やされると深成岩になる。

3. 火山活動と火成岩(3)

① 図1は，マグマが冷え固まってできた岩石をルーペで観察したものである。 ▶▶ **1**

□(1) 図1のA，Bのように，マグマが冷え固まってできた岩石を
何というか。　　　　　　　　　　　　　（　　　　　　　）

□(2) Aで，比較的大きな鉱物ⓐを何というか。
（　　　　　　　）

□(3) ⓐのまわりをとり囲んでいる部分ⓑを何というか。
（　　　　　　　）

□(4) A，Bのような岩石のつくりを，それぞれ何というか。
A（　　　　　　　）　　B（　　　　　　　）

□(5) A，Bのようなつくりをした岩石を，それぞれ何というか。
A（　　　　　　　）　　B（　　　　　　　）

□(6) マグマがゆっくり冷え固まった岩石は，A，Bの
どちらか。　　　　　　　　　　　　　（　　　　　　　）

□(7) 図1のA，Bのような岩石ができた場所は，それ
ぞれ図2の⑦，⑦のどちらか。
A（　　　　　）　　B（　　　　　）

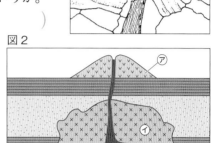

図1

図2

② 冷え方のちがいによる結晶のでき方のちがいを調べる実験を行った。 ▶▶ **1**

実験 1．ミョウバンを湯にとかした濃い水溶液をつ
くり，A，B２つのペトリ皿に注ぎ，湯
につけ，ゆっくり冷やす。

2．3mm程度の結晶が十数個出てきたら，B
のペトリ皿を氷水に移して急に冷やす。

3．A，Bのペトリ皿にできた結晶を顕微鏡で
観察すると，図2，図3のように見えた。

□(1) 図2，図3は，それぞれA，Bどちらのペトリ
皿のようすか。
図2（　　　　　）　　図3（　　　　　）

□(2) マグマがA，Bと同じような冷え方をしてでき
た火成岩を，それぞれ何というか。
A（　　　　　　　　）　　B（　　　　　　　　）

図1
1つは途中で
氷水に移す。

濃いミョウバンの水溶液

ペトリ皿
湯

氷水
B
A

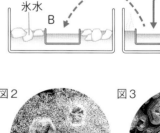

図2

図3

ヒント ① (7)火山岩は地表付近でつくられ，深成岩は地下の深いところでつくられる。
② (1)急に冷やすと，結晶になりにくい。

（　）と □ にあてはまる語句を答えよう。

1 火成岩の種類と鉱物の種類 ▶▶①

□(1) 火山岩や深成岩は，ふくまれる ①（　　　　　　　　）の種類や割合などでさまざまな種類に分けられる。

□(2) 玄武岩や ②（　　　　　　　　）は，カンラン石やキ石のような有色の鉱物が多いため，岩石の色は ③（　　　　　　）っぽく見える。

□(3) 流紋岩や ④（　　　　　　　　）は，チョウ石やセキエイのような白色や無色の鉱物が多いので，岩石の色は ⑤（　　　　　　）っぽく見える。

□(4) 図の⑥〜⑨

火山岩 (斑状組織)	玄武岩	⑥	⑦
深成岩 (等粒状組織)	⑧	せん緑岩	⑨

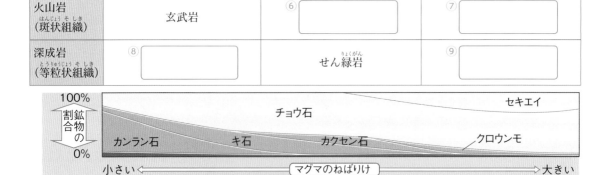

2 日本列島の火山 ▶▶②

□(1) プレートの動きが関係しているため，おもな火山は，海溝やトラフに対して平行に帯をなすように分布している。

□(2) 大陸プレートの下に海洋プレートが沈みこむ場所では，岩石の一部がとけて ①（　　　　　　）ができる。

□(3) 上昇したマグマは，②（　　　　　　　　）をつくることが多く，やがて噴出して火山を形成することがある。

□(4) 図の③

要点

●火山岩や深成岩は，鉱物の種類や割合などでさまざまな種類に分けられる。
●日本列島のおもな火山は，海溝やトラフとほぼ平行に分布している。

3. 火山活動と火成岩(4)

1 図は，火成岩の種類と鉱物の割合，マグマのねばりけをまとめたものである。 ▶▶ **1**

火山岩	A	B	流紋岩
深成岩	C	せん緑岩	D

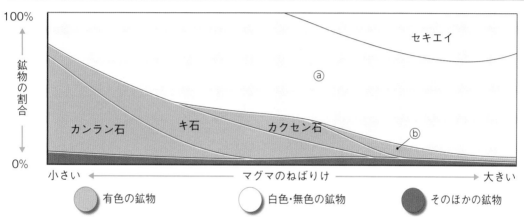

鉱物の割合

100%

セキエイ

ⓐ

カンラン石　キ石　カクセン石

ⓑ

0%

小さい ←　マグマのねばりけ　→ 大きい

○ 有色の鉱物　　○ 白色・無色の鉱物　　● そのほかの鉱物

□(1) A～Dの岩石の名前をそれぞれ書きなさい。

A ( )　B ( )
C ( )　D ( )

□(2) ⓐ，ⓑに入る鉱物の名前を書きなさい。ⓐ ( )　ⓑ ( )

□(3) 記述 マグマのねばりけが大きいと，そのマグマからできる火成岩が白っぽくなる理由を，「白色や無色の鉱物」という語句を使って簡潔に書きなさい。

( )

2 図は，日本列島付近のプレートのようすを模式的に表したものである。 ▶▶ **2**

□(1) 日本にはどのくらいの数の活火山があるか。
⑦～⑨から１つ選びなさい。 ( )
⑦ 約10　⑦ 約30　⑨ 110以上

□(2) プレートが動く向きは，図のA，Bのどちら
か。 ( )

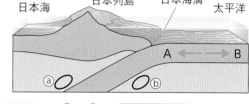

日本海　日本列島　日本海溝　太平洋
A ← → B
ⓐ　ⓑ

□(3) 岩石がとけてマグマになっていると考えられる場所は，ⓐ，ⓑ
のどちらか。 ( )

とけたマグマが上昇（じょうしょう）して火山になるんだね。

□(4) 記述 日本列島のおもな火山の分布には，どのような特徴があるか。「海溝やトラフ」という語句を使って簡潔に書きなさい。

( )

ヒント **1** (2) Dは，セキエイ，チョウ石，クロウンモがふくまれている。

ミスに注意 **2** (4) 「海溝やトラフ」に対してどのように分布しているかを書く。

3. 火山活動と火成岩

時間 30分　／100点　合格70点　解答 p.22

❶ 図1は，それぞれ別の場所で採取した火山灰A，Bを，双眼実体顕微鏡で観察したスケッチである。

21点

□(1) 火山噴出物のもとになる，岩石が高温でとけたものを何というか。

□(2) セキエイやチョウ石が多くふくまれているのは，A，Bのどちらか。

□(3) 図2は，典型的な火山の3つの形を表したものである。

図1
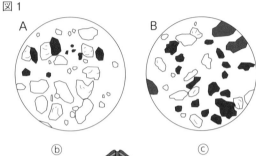
A　　　B

図2 ⓐ

ⓑ　　ⓒ

① マグマのねばりけが大きい火山を，ⓐ〜ⓒから1つ選びなさい。［思］
② 爆発的な噴火になることがある火山を，ⓐ〜ⓒから1つ選びなさい。
③ ⓑのような形をした火山を，⑦〜㋑から1つ選びなさい。
　⑦ 桜島　　㋑ 昭和新山　　㋒ 平成新山(雲仙普賢岳)　　㋓ マウナロア

❷ 表は，火成岩をつくりや色，ふくまれる鉱物によって6つに分けたものである。

28点

火成岩	A	玄武岩	X	流紋岩
	B	斑れい岩	せん緑岩	花こう岩
色		黒っぽい ←――――――――――――→ 白っぽい		
ふくまれる鉱物	セキエイ			←―――→
	チョウ石	←―――――――――――――――→		
	クロウンモ			←―――→
	カクセン石		←――――→	
	キ石	←―――――――――→		
	カンラン石	←―――――→		

□(1) A，Bの火成岩をそれぞれ何というか。

□(2) Xにあてはまる火成岩の名前を書きなさい。

□(3) チョウ石について適当なものを，⑦〜㋓から1つ選びなさい。
　⑦ 濃い緑色〜黒色で，細長い柱状や針状である。
　㋑ 黄緑色〜褐色で，粒状の多面体である。
　㋒ 無色か白色で，六角柱状か不規則な形をしている。
　㋓ 白色かうす桃色で，一定の方向に割れ，柱状や短冊状である。

□(4) ［記述］花こう岩が斑れい岩より白っぽく見えるのはなぜか。簡潔に書きなさい。［思］

❸ 図1のA，Bは安山岩と花こう岩のつくりをルーペで観察したスケッチである。また，図2は，ある火山付近の地下のようすを表している。　32点

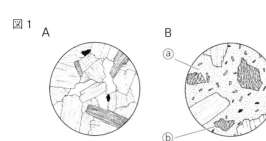

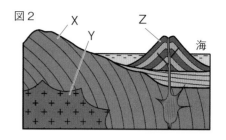

□(1)　安山岩はA，Bのどちらか。

□(2)　Aのような火成岩は，X〜Zのどの場所でつくられたものか。

□(3)　Bのような火成岩のつくりを何というか。

□(4)　Bの火成岩の@，ⓑの部分をそれぞれ何というか。

点UP □(5)　記述 BはAに比べて，大きく成長した鉱物が少ない。その理由を簡潔に書きなさい。思

❹ 図は，日本列島での火山の噴火と地下のようすを表したものである。　19点

□(1)　大陸プレートは，A，Bのどちらか。

□(2)　マグマが一時的にたくわえられるCを何というか。

□(3)　①，②の火山噴出物をそれぞれ何というか。

　①　主成分が水蒸気で，二酸化炭素や硫化水素などもふくまれる気体。

　②　マグマが地表に流れてきたもの。

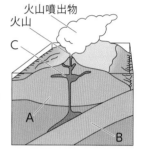

❶	(1)		5点	(2)		4点
	(3)	① 4点	② 4点	③ 4点		
❷	(1)	A 5点	B 5点	(2)		5点
	(3)	4点	(4)			9点
❸	(1)	4点	(2)	4点	(3)	5点
	(4)	@ 5点	ⓑ 5点			
	(5)					9点
❹	(1)	4点	(2)		5点	
	(3)	① 5点	② 5点			

定期テスト予報　火成岩についてよく出題されます。
火山岩と深成岩のでき方やつくりのちがいを整理しておきましょう。

4. 地層の重なりと過去のようす(1)

( )と□□□にあてはまる語句を答えよう。

1 地層のでき方 ▶▶ ❶ ❷

- □(1) 太陽の熱や水のはたらきによって，地表の岩石が長い間に表面や割れ目からくずれていくことを①( )という。

- □(2) 風化によって生じたれき，砂，泥などの土砂が，陸地に降った雨水や流水によってけずりとられることを②( )という。

- □(3) けずりとられたれき，砂，泥が下流に運ばれることを③( )という。

- □(4) 流れがゆるやかなところに運ばれたれき，砂，泥が積もることを④( )という。

- □(5) 河口まで運ばれた水中のれき，砂，泥は，⑤( )粒ほど沈みにくく，河口から遠くまで運ばれ，海底に堆積する。

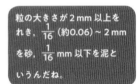

粒の大きさが2mm以上をれき，$\frac{1}{16}$（約0.06）〜2mmを砂，$\frac{1}{16}$mm以下を泥というんだね。

- □(6) 粒の大きなものほど速く沈むため，一度に堆積してできた1つの地層の中では，下ほど粒が⑥( )なる。

- □(7) 重なった地層では，ふつう，下の地層ほど古い。

- □(8) 図の⑦〜⑪

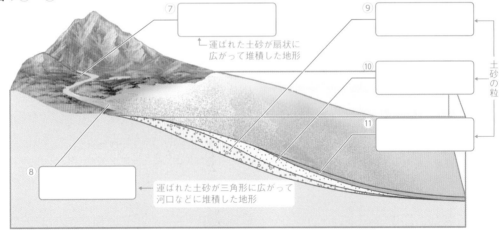

⑦ [　] ← 運ばれた土砂が扇状に広がって堆積した地形

⑧ [　] ← 運ばれた土砂が三角形に広がって河口などに堆積した地形

⑨ [　] ⑩ [　] ⑪ [　] 土砂の粒

- □(9) 地表に見られる地層の多くは，水中にできたものが，大地の⑫( )によって陸に現れたものである。

- □(10) 陸に現れた地層が，大地の⑬( )によって水中に沈むと，その上に土砂が堆積して新しい地層ができる。

- □(11) 図の⑭〜⑯

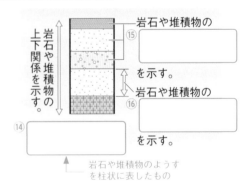

岩石や堆積物の上下関係を示す。

⑮ [　] 岩石や堆積物の上下関係を示す。

⑯ [　] 岩石や堆積物の を示す。

⑭ [　] 岩石や堆積物のようすを柱状に表したもの

要点
- ●風化によってできた土砂は，侵食，運搬され，海底などに堆積して地層になる。
- ●れき，砂，泥のうち，細かい粒ほど，河口から遠くまで運ばれる。

4. 地層の重なりと過去のようす(1)

1 図は，河口から沖合いにかけて，れき，砂，泥が堆積したようすである。　▶▶ **1**

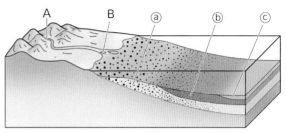

- □(1) 堆積したれき，砂，泥は，地表の岩石が変化したものである。
  - ① 太陽の熱や水のはたらきによって，地表の岩石が表面や割れ目からくずれていくことを何というか。
    （　　　　　　　　）
  - ② 陸地に降った雨水や流水が，①で生じたれき，砂，泥などの土砂をけずりとるはたらきを何というか。
    （　　　　　　　　）
  - ③ 陸地に降った雨水や流水が，けずりとられたれき，砂，泥を下流に運ぶはたらきを何というか。
    （　　　　　　　　）
- □(2) 水の流れが遅くなって，堆積が起こるのは，A，Bのどちらか。　（　　　　　）
- □(3) ⓐ～ⓒは，れき，砂，泥のそれぞれどれが堆積しているか。
  ⓐ（　　　　　　）　ⓑ（　　　　　　）　ⓒ（　　　　　　）
- □(4) B地点に見られる地形を，⑦～⊕から1つ選びなさい。　（　　　　　）
  - ⑦　V字谷　　⑦　三角州　　⑦　扇状地　　⊕　しゅう曲

2 Aは地層を観察したスケッチ，Bはスケッチをもとにした図である。　▶▶ **1**

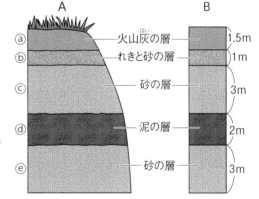

- □(1) もっとも古い時代に堆積したと考えられる地層を，ⓐ～ⓔから1つ選びなさい。
  （　　　　　　）
- □(2) もっとも河口近くに堆積したと考えられるのは，ⓑ～ⓔのどれか。　（　　　　）
- □(3) 一度に堆積してできた1つの地層の中で，ふくまれる粒の大きさはどうなっているか。⑦～⑦から1つ選びなさい。　（　　　　）
  - ⑦　上ほど粒が大きくなる。
  - ⑦　下ほど粒が大きくなる。　　⑦　粒の大きさは変わらない。
- □(4) 岩石や堆積物のようすを，Bのように表したものを，何というか。　（　　　　　）
- □(5) 記述 水中でできた地層が地表に見られる理由を，「隆起」という語句を使って簡潔に書きなさい。
  （　　　　　　　　　　　　　　　　　　　　　　　　　　　　　　　）

ヒント　**1**　(3) 細かい粒ほど沈(しず)みにくく，遠くまで運ばれる。
ミスに注意　**2**　(5) 理由を問われているので，「～から。」や「～ため。」のように答える。

( )と[　　]にあてはまる語句を答えよう。

1 地層の岩石 ▶▶①

□(1) れき，砂，泥などの層が押し固められてできた岩石を①(　　　　　　　)という。

□(2) 表の②～⑩

堆積岩	堆積するおもなもの	特徴
② [　]	れき	岩石をつくる粒は，⑧[　　]を帯びていることが多い。
③ [　]	砂	
④ [　]	泥	
⑤ [　]	生物の遺骸や水にとけていた成分が堆積したもの	うすい塩酸をかけると，気体が発生⑨[　　]。鉄くぎで表面に傷がつく。
⑥ [　]		鉄くぎで表面に傷が⑩[　　]。
⑦ [　]	火山灰・火山れき・軽石などの火山噴出物	岩石をつくる粒は，角ばっている。

2 地層・化石と大地の歴史 ▶▶②

□(1) 地層ができた当時の環境を推測できる化石を①(　　　　　　　)という。

□(2) 地層ができた時代の推測に役立つ化石を②(　　　　　　　)という。

□(3) 表の③～⑧

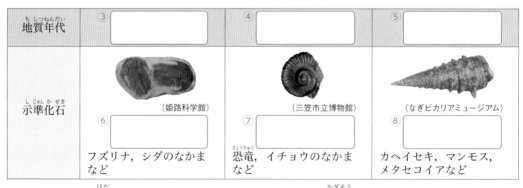

地質年代	③ [　]	④ [　]	⑤ [　]
示準化石	(姫路科学館)	(三笠市立博物館)	(なぎビカリアミュージアム)
	⑥ [　] フズリナ，シダのなかまなど	⑦ [　] 恐竜，イチョウのなかまなど	⑧ [　] カヘイセキ，マンモス，メタセコイアなど

□(4) 火山灰の層など離れた地層を比べるときに役立つ地層を鍵層という。

要点
●れき岩，砂岩，泥岩をつくる粒は丸みを帯びている。
●地層ができた当時の環境は示相化石，地質年代は示準化石で推測できる。

4. 地層の重なりと過去のようす⑵

1 堆積したれき，砂，泥は，長い年月の間に押し固められて岩石になる。　▶▶ **1**

☐(1)　地層をつくる堆積物が押し固められてできた岩石を何というか。　（　　　　　　　）

☐(2)　岩石や鉱物の破片が堆積してできた岩石は，岩石をつくる粒の大きさで分けられる。

　①　A～Cの岩石をそれぞれ何というか。

　　A　粒の大きさが $\frac{1}{16}$（約0.06）mm 以下（　　　　　　　）

　　B　粒の大きさが $\frac{1}{16}$ ～ 2 mm（　　　　　　）

　　C　粒の大きさが 2 mm 以上（　　　　　　）

> れき，砂，泥と同じ大きさなんだ。

　②　記述 これらの岩石に共通する性質を，「粒の形」という語句を使って簡潔に書きなさい。（　　　　　　　　　　　　　　　　）

☐(3)　生物の遺骸や水にとけていた成分が堆積し，押し固められて岩石ができる。

　①　うすい塩酸をかけると気体が発生する岩石は何か。　（　　　　　　　）

　②　鉄くぎで表面に傷がつけられない岩石は何か。　（　　　　　　　）

☐(4)　火山の噴火によって噴出した火山灰などが堆積し，固まった岩石は何か。（　　　　　　　）

2 ふくまれる化石によって，地層が堆積した当時の環境や時代を推測できる。　▶▶ **2**

☐(1)　①～③の生物の化石をふくむ地層が堆積した当時の環境は，それぞれどのようなもので
あったと推測できるか。⑦～⓪から1つずつ選びなさい。

　①　サンゴ（　　　　　）　　②　シジミ（　　　　　）　　③　ブナ（　　　　　）
　⑦　冷たく深い海底　　④　あたたかくて浅い海
　⑦　やや寒冷な気候　　⓪　海水と河川の水が混じるところ

☐(2)　(1)のような化石を何というか。　（　　　　　　　）

☐(3)　地層ができた時代の推測に役立つ化石を何というか。　（　　　　　　　）

☐(4)　記述 (3)として適しているのは，どのような化石か。「時代」という語句を使って簡潔に書きなさい。
（　　　　　　　　　　　　　　　　　　　　　　）

☐(5)　表の①～③にあてはまる化石を，それぞれ⑦～⑰からすべて選びなさい。

地質年代	古生代	中生代	新生代
化石	①	②	③

　⑦　フズリナ　　④　マンモス　　⑦　アンモナイト
　⓪　ビカリア　　⑦　サンヨウチュウ　　⑰　恐竜

ヒント　**1** (3)生物の遺骸や水にとけていた成分が堆積してできる岩石は，石灰岩（せっかいがん）とチャートである。

ミスに注意　**2** (4)「どんな化石か。」とあるので，文末が「～化石。」となるように答える。

5. 自然の恵みと火山災害・地震災害

（ ）と ☐ にあてはまる語句を答えよう。

1 大地の恵みと災害

☐(1) 地震(じしん)が発生しやすい地域(ちいき)や火山が多く分布している地域は，プレートどうしが接する境界
付近にあることが ① （　　　　　　　　　　）。

☐(2) 沈(しず)みこむ ② （　　　　　　　　　　）プレートに引きずられた ③ （　　　　　　　　　　）プレートの端(はし)は，
沈降(ちんこう)してひずんでいるが，やがて地震をともなって大きく隆起(りゅうき)する。

☐(3) 大地の隆起などによって，海岸に沿ってできた階段状(かいだんじょう)の地形を海岸段丘(かいがんだんきゅう)という。

☐(4) 波の侵食(しんしょく)によって，波打ちぎわ付近の海底に平らな面ができる。やがて，地震などによっ
て大地が ④ （　　　　　　　　　　）して平らな面が陸に現れ，段丘面(だんきゅうめん)となる。このようにして，
海岸段丘ができることがある。

☐(5) 陸が沈降して一部が海に沈むと，海岸線が入り組んだ地形ができる。このような地形をリ
アス海岸という。

☐(6) 図の⑤〜⑥

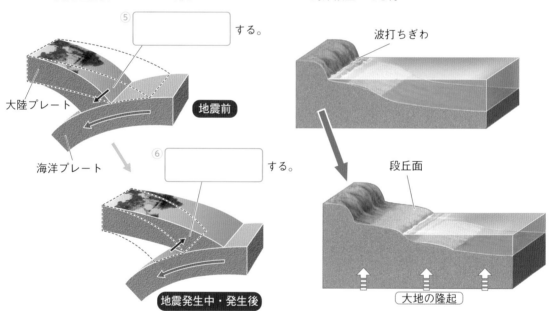

地震発生前後のプレートの動き

⑤ ☐ する。

大陸プレート

地震前

海洋プレート

⑥ ☐ する。

地震発生中・発生後

海岸段丘のでき方

波打ちぎわ

段丘面

大地の隆起

☐(7) 将来(しょうらい)に地震や火山活動，大雨などの災害が起こった
ときの被害(ひがい)予想図をハザードマップという。

「ハザード」とは「危険」という
意味だね。

要点

●プレートどうしが接する境界では地震や火山の噴火(ふんか)が起こりやすい。
●土地の隆起などによって海岸段丘ができる。

1 地球に見られる震央や火山の分布を考えた。 ▶▶ **1**

□(1) 地震が発生しやすい地域や火山が多く分布する地域について適当なものを，⑦〜①から1つ選びなさい。 （　　　　　）

⑦ プレートの中央付近に多い。　　④ プレートがつくられるところに多い。

⑦ プレートの境界付近が多い。　　① プレートとは関係がない。

□(2) ヒマラヤ山脈で海にいたアンモナイトの化石が見つかることがある。その理由について述べた次の文の（　）にあてはまる語句を書きなさい。

となり合うプレートが長い時間をかけて近づき①（　　　　　　　）することで，①前の大陸間に広がっていた②（　　　　　　　）の堆積物が押し上げられたため。

2 図は，海岸付近で見られる階段状の地形を表したものである。 ▶▶ **1**

□(1) 図のような地形を何というか。
（　　　　　　　）

□(2) ⓐ，ⓑのような平らな面を何というか。
（　　　　　　　）

□(3) (2)は，波の何とよばれるはたらきによってできたものか。
（　　　　　　　）

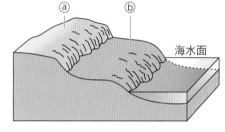

□(4) 図のような地形は，隆起，沈降のどちらによってできたものか。 （　　　　　　　）

3 図は，巨大な地震が起こる可能性が特に高い領域・活断層の分布を表したものである。 ▶▶ **1**

□(1) 記述 活断層とはどのようなものか。「可能性」という語句を使って簡潔に書きなさい。

（
　　　　　　　　　　　　　　　　　　　）

□(2) 図から，日本で発生する地震についてどのようなことがわかるか。⑦〜⑦から適当なものを1つ選びなさい。 （　　　　　）

⑦ 東日本で多く地震が発生する。

④ 西日本で多く地震が発生する。

⑦ 日本のどこでも地震が発生する。

──おもな活断層

海溝（プレート境界）型地震が起こる可能性

高い
↕
やや高い
不明

日本海東縁
千島海溝
日本海溝
相模トラフ
駿河トラフ
南海トラフ
南西諸島海溝

ヒント　**3** (2) 海溝（かいこう）やトラフは太平洋側に多いが，活断層は日本海側にも見られる。

地球
大地の成り立ちと変化

ぴたトレ 3
確認テスト

4. 地層の重なりと過去のようす
5. 自然の恵みと
　火山災害・地震災害

時間 30分 ／100点　合格 70点　解答 p.23

❶ 図1の地点A～Dでのボーリング試料から，それぞれの地点での地層のようすを図2のように表した。なお，この地域の地層は，ほぼ水平に広がっていることがわかっている。

44点

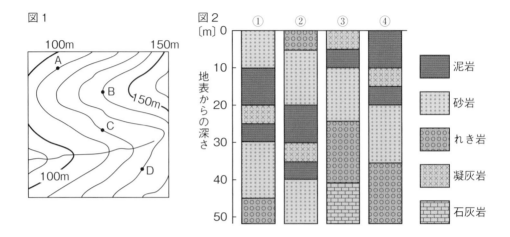

図1　100m　150m　150m　100m
図2〔m〕　①②③④
地表からの深さ　0　10　20　30　40　50
泥岩　砂岩　れき岩　凝灰岩　石灰岩

□(1)　図2のように，岩石や堆積物のようすを柱状に表したものを何というか。

□(2)　図2の5種類の堆積岩のうち，火山灰などが押し固められてできたものはどれか。

□(3)　凝灰岩の層は，離れた地層を比べるときに役立つ。このような層を何というか。

□(4)　記述 れき岩，砂岩，泥岩にふくまれる粒は丸みを帯びていることが多い。その理由を簡潔に書きなさい。思

 □(5)　図2の①～④は，それぞれ図1のA～Dのどの地点のボーリング試料か。思

❷ 図は，地震発生前後のプレートの動きを模式的に表したものである。

27点

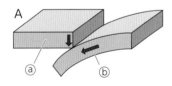　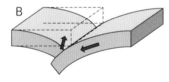　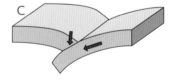

A　ⓐ　ⓑ　　B　　C

□(1)　ⓐ，ⓑはそれぞれ大陸プレート，海洋プレートのどちらを表しているか。

□(2)　Cでは，ⓐのプレートがⓑのプレートに引きずられ，沈みこんでいる。このように，大地が沈むことを何というか。

□(3)　Bは，ⓐのプレートが大きくもち上がるようすを表している。このように，大地がもち上がることを何というか。

□(4)　Bのように大地がもち上がることなどによって，海岸付近に階段状の地形ができることがある。この地形を何というか。

□(5)　大きな地震が起こったときのプレートの動きを表しているのは，A～Cのどれか。

❸ 図1は，ある地域の露頭を観察した結果を，模式的に表したものである。 29点

□(1) もっとも古い時代に堆積したと考えられる地層は，A〜E のどの層か。

□(2) うすい塩酸をかけると気体が発生するのは，A〜E のどの堆積岩か。

□(3) C〜E の層が堆積した当時の海面の高さの変化について適当なものを，㋐〜㋓から1つ選びなさい。 思

    ㋐ 海面が上昇した。

    ㋑ 海面が下降した。

    ㋒ 海面は一度上昇した後，下降した。

    ㋓ 海面は一度下降した後，上昇した。

 □(4) 記述 Bの石灰岩の中にサンゴの化石がふくまれていた。この層が堆積した当時の環境を簡潔に書きなさい。

□(5) Dの砂岩の中には，図2のような化石がふくまれていた。この層が堆積した時代を，㋐〜㋒から1つ選びなさい。

    ㋐ 古生代   ㋑ 中生代   ㋒ 新生代

□(6) (5)のように，地層が堆積した時代を推測できる化石を何というか。

図1

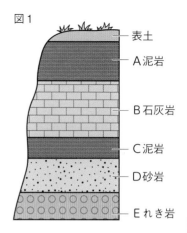

表土
A 泥岩
B 石灰岩
C 泥岩
D 砂岩
E れき岩

図2

❶	(1) 5点	(2) 5点	(3) 5点
	(4) 9点		
	(5) ① 5点 ② 5点 ③ 5点 ④ 5点		
❷	(1) ⓐ 4点 ⓑ 4点		(2) 5点
	(3) 5点	(4) 5点	(5) 4点
❸	(1) 4点	(2) 4点	(3) 4点
	(4) 8点		
	(5) 4点	(6) 5点	

地球

大地の成り立ちと変化

定期テスト 予報 地層の観察に関してよく出題されます。粒の大きさと堆積のようすや示相化石・示準化石を整理しておきましょう。

( )と□□□にあてはまる語句を答えよう。

1 光の進み方

□(1) みずから光を発するものを ①( )といい，①を出た光は ②( )する。

□(2) 光が鏡などに当たってはね返ることを，光の ③( )という。

□(3) 鏡の面に垂直な直線と入射光(鏡に入る光)，反射光(鏡で反射する光)の間の角を，それぞれ ④( )，⑤( )という。

□(4) 光が反射するとき，入射角と反射角はいつも等しい。これを ⑥( )という。

□(5) 図の⑦〜⑧

鏡

⑦□□□□　⑧□□□□

鏡の面に
垂直な直線

入射光　　　　　　　　　反射光

2 ものが見えるわけ

□(1) 物体が見えるには，①( )から出た光や，物体で ②( )した光が目に届く必要がある。

□(2) 物体を鏡に映すと，鏡のおくに物体があり，そこから ③( )に光が進んできたように見える。

□(3) 鏡のおくに物体があるように見えるとき，これを物体の ④( )という。

□(4) 図の⑤

□(5) 光が物体に当たるとき，1つ1つの光は ⑥( )が成り立つように反射しながら，さまざまな方向に反射する。このような反射を ⑦( )という。

□(6) 図の⑧

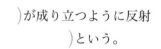

鏡による物体の
⑤□□□□
鏡

物体

物体と像の位置は，
鏡に対して線対称　　　目●

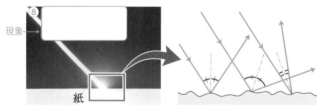

⑧□□□□
現象

紙

要点
●光が反射するとき，入射角と反射角が等しくなることを反射の法則という。
●実際には物体はないのに，そこにあるように見えるものを物体の像という。

1 図のように，光源装置から出た光を鏡に当て，鏡の面に垂直な直線と光の間の角
A，角Bの大きさを調べた。　▶▶ **1**

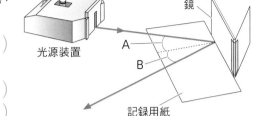

鏡
光源装置
A
B
記録用紙

□(1) 光が鏡に当たってはね返ることを，光の何とい
うか。
（　　　　　　　）

□(2) 角A，角Bをそれぞれ何というか。

角A（　　　　　　　）
角B（　　　　　　　）

□(3) 鏡に当てる光の角度を変えて，角Aと角Bの関係を調べた。その関係について説明した次
の文の（　　）にあてはまる文を，㋐〜㋓から選びなさい。

角Aの大きさは，（　　　　　　　）。

㋐　角Bの大きさよりも小さい。

㋑　角Bの大きさと等しい。

㋒　角Bの大きさよりも大きい。

㋓　角Bの大きさを加えると90°になる。

□(4) 角Aと角Bの関係について述べた法則のことを何というか。
（　　　　　　　　　　　　）

2 図のように，120°に開いた2枚の鏡の前に方位磁針を置くと，2つの方位磁針
が映った。　▶▶ **2**

□(1) 図のように，鏡に映って見えるものを物体の何とい
うか。　（　　　　　　　）

□(2) 図の2枚の鏡を同じように動かして，2枚の間の角
度を90°にすると，正面に3つ目の方位磁針が映っ
た。正面に映った方位磁針はどのように見えたか。
ⓐ〜ⓓから選びなさい。　（　　　　）

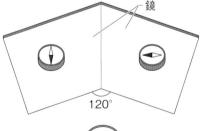

鏡
120°

方位磁針

 ⓐ　　　 ⓑ　　　 ⓒ　　　 ⓓ

□(3) 物体の表面には小さなでこぼこがあり，光がいろいろな方向にはね返るので，物体をどの
方向からでも見ることができる。このような現象を何というか。（　　　　　　　）

ヒント　**1** (3) 角A，角Bがどのような大きさのときでも成り立つ関係である。
　　　　2 (2) 方位磁針で反射（はんしゃ）した光が鏡で反射し，その光がもう一方の鏡で反射して目まで届（とど）く。

エネルギー　身のまわりの現象（光・音・力）

1. 光の性質(2)

（ ）と ☐ にあてはまる語句を答えよう。

1 光が通りぬけるときのようす ▶▶❶

☐(1) 光が異なる物質の間を進むとき，境界面で光が折れ曲がって進むことを，光の
① (　　　　　) という。光の①と同時に，光の反射も起こる。

☐(2) 境界面に垂直な直線と屈折して進む光(屈折光)の間の角度を ② (　　　　　) という。

☐(3) 光が空気から水やガラスへ進むときは，屈折角は入射角より ③ (　　　　) なる。

☐(4) 光が水やガラスから空気へ進むときは，屈折角は入射角より ④ (　　　　) なる。ただ
し，入射角が大きくなり，限度の角度をこえると，すべての光が反射するようになる。こ
のことを光の ⑤ (　　　　　) という。

☐(5) 空気から水やガラスへ光が進むときは，水やガラスから空気へ光が進むときと
⑥ (　　　　) の道すじを通る。

☐(6) 図の⑦～⑩

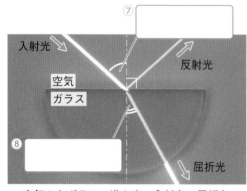

空気からガラスへ進む光　入射角＞屈折角

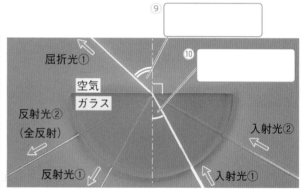

ガラスから空気へ進む光　入射角＜屈折角

2 光の色 ▶▶❷

☐(1) 太陽や白熱電灯から出た光は ① (　　　　　) とよばれ，いろいろ
な ② (　　　　) の光が混ざっている。

☐(2) 白色光が異なる物質の境界に進むとき，それぞれの色の光が異なる
角度で ③ (　　　　) するため，色の光の帯が見えることがある。

☐(3) ④ (　　　　　) (三角柱のガラス)を使うと，白色光がいろいろ
な色の光に分かれるようすが見られる。

要点
●光が異なる物質の間を進むとき，境界面で折れ曲がる現象を光の**屈折**という。
●水やガラスから空気へ進む光は，入射角が限界の角度をこえると**全反射**する。

① 図1のような装置(光学用水そう)を使って空気中から水面に光を当てると, 光が水面で折れ曲がった。 ▶▶ **1**

図1

水

□(1) 空気と水のように, 光が異なる物質の間を進むとき, 境界面で光が折れ曲がることを, 光の何というか。

（ 　　　　　 ）

□(2) 図1の角A, 角Bをそれぞれ何というか。

角A（ 　　　　 ） 角B（ 　　　　 ）

□(3) 図1のとき, 角A, 角Bにはどのような関係があるか。⑦〜⑦から選びなさい。 （ 　　　 ）

⑦ 角A＞角B 　　 ⑦ 角A＜角B 　　 ⑦ 角A＝角B

□(4) 図2, 図3のように, 装置の角度を変えて光の進み方を調べた。このとき光はどのように進むか。図の@〜©からそれぞれ選びなさい。

図2（ 　　 ） 図3（ 　　 ）

□(5) 図3の角Cをしだいに大きくすると, やがてすべての光が水面ではね返った。この現象を何というか。 （ 　　　 ）

図2

図3

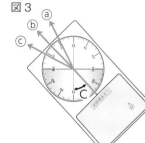

② 太陽の光からできる虹には, いろいろな色の光が見える。 ▶▶ **2**

□(1) 太陽や白熱電灯から出た光のことを何というか。 （ 　　　　 ）

□(2) 光の色が見える現象について説明した次の文の（ 　 ）に, あてはまる言葉を入れなさい。

　光が空気と水などの①（ 　　　　　 ）を進むとき, 混ざっていたそれぞれの光が, 異なる角度で②（ 　　　　　 ）するため, 複数の色の光の帯が見える。

　図のようなアサガオの花が青色に見えるのは, ③（ 　　　　 ）の光は物体の表面で反射されて目に届き, それ以外の色の光は物体に吸収されるからである。

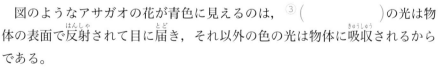

ヒント ① (4) 図3では, 光がどの物質からどの物質に進むかに注意する。
　　　 ② (2) 物体の表面で反射した光が目に届(とど)くと, 物体が見える。光が目に届かないと物体は見えない。

（　）と□□□にあてはまる語句を答えよう。

1 凸レンズの焦点と焦点距離

- □(1) 虫眼鏡のレンズのように，ふちよりも中心部が厚いものを①（　　　　　　）という。
- □(2) 凸レンズの真正面から平行な光を当てると，光は②（　　　　）して1点に集まる。この点を凸レンズの③（　　　　）という。
- □(3) 凸レンズの中心から焦点までの距離を④（　　　　　）という。
- □(4) 焦点は凸レンズの両側にあり，焦点距離は両側で⑤（　　　　）である。
- □(5) ふくらみが大きい凸レンズほど，屈折のしかたが⑥（　　　　）なるので，焦点距離は⑦（　　　　）なる。
- □(6) 図の⑧～⑪

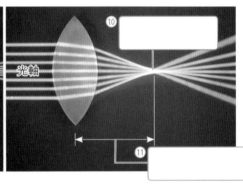

(a)ふくらみの小さい凸レンズ　　　(b)ふくらみの大きい凸レンズ

凸レンズの中心を通り，凸レンズの中心の表面に垂直な直線を光軸（凸レンズの軸）という。

2 凸レンズを通る光の進み方

- □(1) 光軸に平行に凸レンズに入った光は，屈折した後，反対側の①（　　　　）を通る（図の@）。
- □(2) 凸レンズの中心を通った光は，そのまま②（　　　　）する（図のⓑ）。
- □(3) 焦点を通って凸レンズに入った光は，屈折した後，光軸に③（　　　　）に進む（図のⓒ）。
- □(4) 物体のある点から出た光は，凸レンズを通った後，(1)～(3)のような道すじを通って1点に集まり，④（　　　　）ができる。
- □(5) 図の⑤～⑥

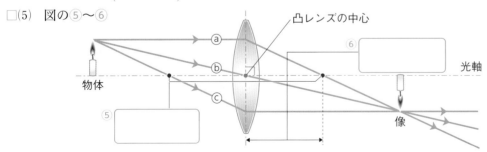

| 要点 | ●凸レンズを通った光は，屈折して焦点に集まる。
●物体から出た光が凸レンズを通って屈折すると，1点に集まって像ができる。 |

❶ 図は，凸レンズに，真正面から平行な光を当てたとき，凸レンズを通った光の進むようすを表したものである。 ▶▶ **1**

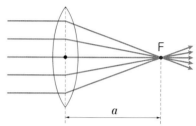

□(1) 光が異なる物質の間の境界面で折れ曲がって進むことを，光の何というか。　（　　　　　）

□(2) 図で，光が集まっている点Fのことを何というか。　（　　　　　）

□(3) 凸レンズの中心から点Fまでの距離 a のことを何というか。　（　　　　　）

□(4) 図の凸レンズと材質，直径が同じで，ふくらみだけが小さい凸レンズがある。この凸レンズの距離 a について正しく述べたものを，⑦～⑨から選びなさい。　（　　　　　）

　⑦　ふくらみの小さい凸レンズのほうが，距離 a は短い。

　⑦　ふくらみの小さい凸レンズのほうが，距離 a は長い。

　⑦　凸レンズのふくらみと距離 a は関係がないので，図の凸レンズと同じである。

❷ 図は，ろうそくの炎から出た光が凸レンズに入るようすである。Aは光軸に平行な光，Bは凸レンズの中心を通る光，Cは凸レンズの焦点を通る光である。 ▶▶ **2**

□(1) ろうそくの先端から出た光A～Cはどのように進むか。⑦～⑨からそれぞれ選びなさい。

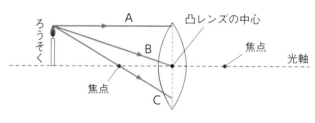

　　　　　　A（　　　　）
　　　　　　B（　　　　）
　　　　　　C（　　　　）

　⑦　凸レンズで折れ曲がることなく，そのまま直進する。

　⑦　凸レンズで折れ曲がって，光軸と平行に進む。

　⑦　凸レンズで折れ曲がって，反対側の焦点を通過する。

□(2) 光A～Cは，凸レンズを通った後どうなるか。⑦～⑤から選びなさい。　（　　　　　）

　⑦　1点で交わる。　　　⑦　光AとBは1点で交わるが，光Cは交わらない。

　⑦　光BとCは1点で交わるが，光Aは交わらない。　　　⑤　どれも交わらない。

□(3) この図で，ろうそくの像はできるか，できないか。できるとしたら，どこにできるか。簡潔に書きなさい。

（　　　　　　　　　　　　　　　　　　　　　　　　　　　　　）

ヒント　❷ (3) 作図をして考えるとわかりやすい。

（　）と□□□□にあてはまる語句を答えよう。

1 凸レンズによってできる像

□(1)　物体が凸レンズの焦点の外側にあるとき，凸レンズで屈折した光は1点に集まり，上下・左右ともに逆向きの像がスクリーンに映る。この像を①（　　　　　　）という。

□(2)　物体が②（　　　　　　）の位置にあるとき，凸レンズで屈折した光は1点に集まらないため，スクリーンをどの位置においても像はできない。

□(3)　物体が凸レンズの焦点の内側にあるとき，実像はできないが，凸レンズを通して見ると，物体より大きな像が同じ向きに見える。これを③（　　　　　　）という。

□(4)　図の④〜⑧

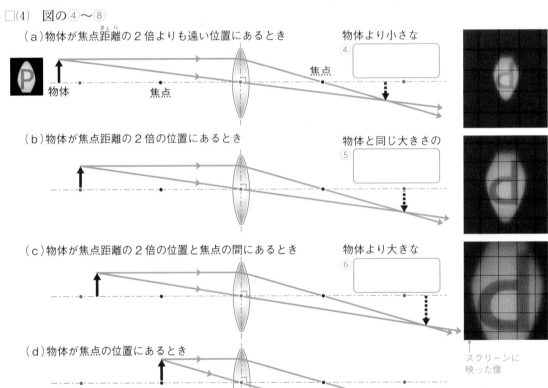

（a）物体が焦点距離の2倍よりも遠い位置にあるとき

物体より小さな ④ [　　　　　]

焦点　物体　焦点

（b）物体が焦点距離の2倍の位置にあるとき

物体と同じ大きさの ⑤ [　　　　　]

（c）物体が焦点距離の2倍の位置と焦点の間にあるとき

物体より大きな ⑥ [　　　　　]

スクリーンに映った像

（d）物体が焦点の位置にあるとき

像は ⑦ [　　　　　]

（e）物体が焦点より凸レンズに近い位置にあるとき

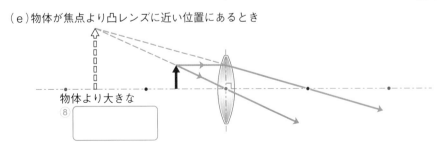

物体より大きな ⑧ [　　　　　]

凸レンズをのぞくと見える像

要点
●物体が焦点の外側にあるときは光が集まり，上下左右逆向きの実像ができる。
●物体が焦点の内側にあるときは，凸レンズを通し，同じ向きの虚像が見える。

90

① 図のように，位置Aに物体を，位置Cに凸レンズを置いたところ，位置Eのスクリーンに物体と同じ大きさの像が映った。位置A・B・C・D・Eの間隔はそれぞれ10 cmである。 ▶▶ ①

□(1) スクリーンに映った像は，物体から出た光が凸レンズで屈折して集まったものである。このような像のことを何というか。

（　　　　　　　）

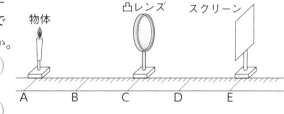

物体　　凸レンズ　　スクリーン

A　　B　　C　　D　　E

□(2) 凸レンズの焦点距離は何cmか。

（　　　　　　　）

□(3) スクリーンに映った像の向きは，物体と比べてどうなっているか。⑦〜⊆から選びなさい。

（　　　　　　　）

　　⑦　物体と上下だけが逆向きである。　　　④　物体と左右だけが逆向きである。

　　⑤　物体と上下・左右が逆向きである。　　⊆　物体と同じ向きである。

□(4) 物体を位置Aから位置Bのほうへ5 cm近づけ，凸レンズの位置は変えずに，スクリーンを像がはっきりと映る位置まで移動させた。

　　①　像の大きさは，移動する前と比べてどうなったか。　　（　　　　　　　）

　　②　凸レンズとスクリーンの距離は，移動する前と比べてどうなったか。

（　　　　　　　）

② ルーペは凸レンズを利用した道具の1つである。図のように，ルーペを目に近づけて固定し，手にとった植物を前後させて観察した。 ▶▶ ①

□(1) このとき見られた植物の像は，実際に光が集まってできたものではなく，スクリーンなどに映すことはできない。このような像のことを何というか。　　（　　　　　　　）

□(2) 植物の大きな像を見るためには，植物をどのような位置に置けばよいか。⑦〜⑤から選びなさい。　　（　　　　　　　）

　　⑦　凸レンズの焦点距離よりも，ルーペに近い位置に植物を置く。

　　④　凸レンズの焦点の位置に，植物を置く。

　　⑤　凸レンズの焦点距離よりも，ルーペから遠い位置に植物を置く。

□(3) 植物の像の向きを実際の植物と比べるとどのようになっているか。⑦〜⊆から選びなさい。

（　　　　　　　）

　　⑦　植物と上下だけが逆向きである。　　　④　植物と左右だけが逆向きである。

　　⑤　植物と上下・左右が逆向きである。　　⊆　植物と同じ向きである。

ヒント　① (2) スクリーンに映った像の大きさが物体と同じであることから，物体の位置と焦点距離の関係を考える。
　　　　① (4) 移動した物体は，焦点距離の2倍の位置と焦点の間にある。

1. 光の性質

時間 30分 ／100点　合格 70点　解答 p.26

 ① 図は，身長160cmのYさんが，垂直に立てた鏡の前に立ったようすで，Aは頭のてっぺん，Bは目，Cは靴の先端である。方眼の1目盛りは20cmである。 26点

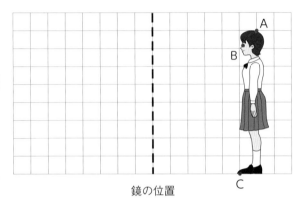

鏡の位置

□(1) 作図 A，Cの像A′，C′の点をそれぞれ図中に・でかき入れなさい。技

点UP □(2) 作図 A，Cから出た光が目（B）に入る道すじを，図中にかき入れなさい。技

□(3) Yさんが全身を映してみるのに必要な鏡の高さは何cmか。

□(4) Yさんが立つ位置と鏡との距離を変えて，鏡に映る像の大きさを調べた。正しいものを，㋐〜㋒から選びなさい。

　㋐　鏡からの距離に関係なく，映る像の大きさは同じである。

　㋑　鏡から離れるほど，映る像の大きさは小さくなる。

　㋒　鏡から離れるほど，映る像の大きさは大きくなる。

② 光が異なる物質の間を進むとき，その境界面で折れ曲がることがある。 33点

□(1) 図1の光①〜③の道すじとして正しいものを，ⓐ〜ⓒからそれぞれ選びなさい。

図1

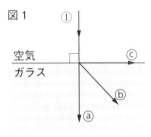 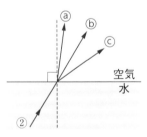 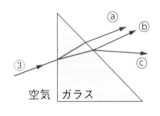

□(2) 図2で，水中の点Pから出た光Aは，A′，A″のように分かれて進んだが，光Bは分かれずに進んだ。

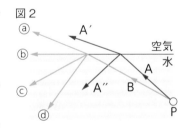

図2

①　光Bの進んだ道すじを，図のⓐ〜ⓓから選びなさい。

②　光Bのように，光が水から空気へ進むときに，分かれることなく進む現象のことを何というか。

点UP □(3) 記述 カップにコインを入れ，斜め上から見ると，コインは見えなかった。カップに水を注いでいくと，見えなかったコインが見えるようになった。その理由を簡潔に書きなさい。思

③ ろうそく，凸レンズ，スクリーンを図のように置いたところ，スクリーン上に
ろうそくの像が映った。　　　　　　　　　　　　　　　　　　　　23点

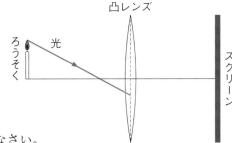

□(1) スクリーンに映すことができる像のことを何と
いうか。

□(2) 記述 スクリーンに映ったろうそくの像は，実際
のろうそくと比べてどのように見えるか。簡潔
に書きなさい。

□(3) 作図 図に示した光が凸レンズを通った後，スク
リーンに達するまでの道すじを実線でかき入れなさい。
ただし，作図に用いた線は消さずに残しておくこと。技

□(4) 図の凸レンズの上半分に黒い袋をかぶせた。このとき，スクリーンに映ったろうそくの像
はどのようになるか。⑦〜④から選びなさい。思

　　⑦　像の上半分が消える。　　　　　　④　像の下半分が消える。

　　⑦　像の全体は見えるが小さくなる。　④　像の全体は見えるが暗くなる。

④ 図のように，凸レンズの焦点の内側に物体を置き，矢印の方向から凸レンズを
通して物体を見たところ，物体の像が見えた。　　　　　　　　　18点

□(1) 凸レンズを通して見えた像を何とい
うか。

□(2) 作図 (1)の像を，図中に↑でかき入れな
さい。ただし，作図に用いた線は消さ
ずに残しておくこと。技

□(3) 物体を位置Aに動かすと，像の大きさ
はどのようになるか。思

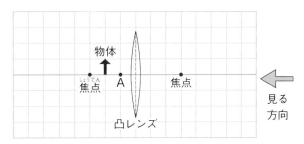

| ❶ | (1) | 図に記入 8点 | (2) | 図に記入 8点 | (3) | 5点 | (4) | 5点 |

❷	(1)	① 5点	② 5点	③ 5点
	(2)	① 5点		② 5点
	(3)			8点

| ❸ | (1) | 5点 | (2) | 5点 |
| | (3) | 図に記入 8点 | (4) | 5点 |

| ❹ | (1) | 5点 | (2) | 図に記入 8点 | (3) | 5点 |

定期テスト
予報 光の道すじ，凸レンズによって見える像など，作図の問題が出やすいでしょう。
光の進み方を確認し，作図によって考える練習をしておきましょう。

( )と ☐ にあてはまる語句を答えよう。

1 音の伝わり方 ▶▶①

☐(1) 音を発生しているものを ①( ) という。

☐(2) 音は，音源となる物体が ②( ) することによって生じる。

☐(3) 音が空気を伝わるとき，空気の ③( ) が次々と伝わるが，空気そのものが移動していくわけではない。

☐(4) 音は ④( ) としてあらゆる方向に伝わっていく。

☐(5) 音が聞こえるのは，空気の振動が耳の中にある ⑤( ) を振動させ，その振動をわたしたちが感じているからである。

☐(6) 音は空気などの気体の中だけでなく，水などの ⑥( ) や，糸や金属などの ⑦( ) の中も伝わる。

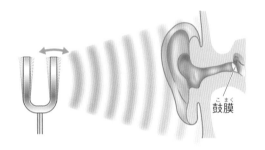

鼓膜

2 音の伝わる速さ ▶▶②

☐(1) 雷や花火では，光が見えてしばらくしてから音が聞こえる。①( ) は瞬間的に伝わるが，②( ) の速さは約340メートル毎秒(340 m/s)で，①ほど速く伝わらないからである。

☐(2) 音の速さを調べる実験

❶ 打ち上げ花火のようすをビデオカメラで撮影する。

❷ 録画した打ち上げ花火のようすを再生し，花火が見えてから音が聞こえるまでの ③( ) をはかる。

❸ 撮影場所から打ち上げ場所までの ④( ) を調べ，音の速さを計算する。

$$音の速さ〔m/s〕= \frac{音が伝わる ⑤( )〔m〕}{音が伝わる ⑥( )〔s〕}$$

神奈川県川崎市

速さは一定時間(1秒間や1時間など)に進む距離(きょり)で表されるんだね。
速さ＝距離÷時間

要点	●音は物体の振動によって生じ，空気や水などの中を波として伝わる。 ●空気中を伝わる音の速さは，約340メートル毎秒(340 m/s)である。

94

1 同じ高さの音が出る音さA，Bを図1のように置き，Aの音さをたたいて音を鳴 ▶▶ **1**
らすと，Bの音さも鳴りはじめた。

□(1) 記述 Bの音さが鳴りはじめたとき，Bの音さに軽
くふれてみた。このとき，Bの音さはどのように
なっているか。簡潔に書きなさい。
(   )

□(2) Aの音さの振動をBの音さに伝えたものは何か。
(   )

□(3) 物体の振動が次々と伝わる現象を何というか。
(   )

□(4) Bの音さが鳴りはじめた後，Aの音さを手でおさ
えて止めた。このときのBの音さのようすは，⑦,
⑦のどちらか。　　　　　　　　(   )
⑦　すぐに音が止む。　　⑦　しばらく鳴り続ける。

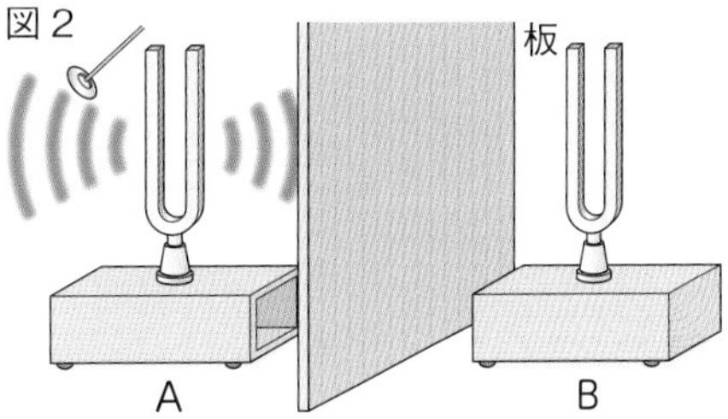

□(5) 図2のように，2つの音さの間に板を入れてからAの音さをたたいて音を鳴らすと，板を
入れないときと比べて，Bの音さの音の大きさはどのようになるか。(   )

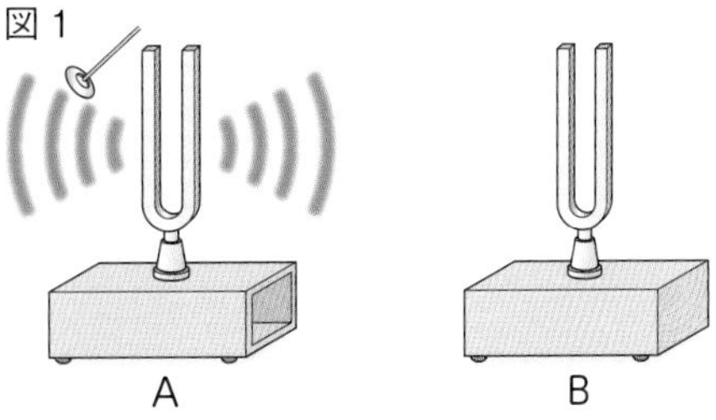

図1

図2 板

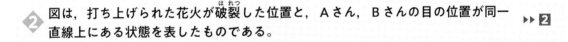

2 図は，打ち上げられた花火が破裂した位置と，Aさん，Bさんの目の位置が同一 ▶▶ **2**
直線上にある状態を表したものである。

□(1) 計算 同じ花火が破裂するのが見えてから音が聞こ
えるまでの時間は，Aさんが2.7秒，Bさんが4.5
秒であった。このときに音が空気中を伝わる速さ
は340m/sとする。
① 花火が破裂した位置からAさんまでの距離は
何mか。　　　　　　　(   )
② AさんとBさんの間の距離 x は何mか。
(   )

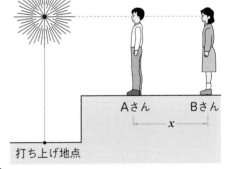

Aさん　Bさん
x
打ち上げ地点

□(2) 花火が見えてから音が聞こえるまでに時間がかかる
理由として正しいものを，⑦〜⑦から選びなさい。
(   )
⑦　音の伝わる速さは，光の伝わる速さよりもはるかに小さいため。
⑦　音の伝わる速さは，光の伝わる速さよりもはるかに大きいため。
⑦　目に比べて耳のほうが，情報を脳に伝える速さが小さいため。
⑦　目に比べて耳のほうが，情報を脳に伝える速さが大きいため。

ヒント　**1** (4)(5) 振動の伝わり方は，どのように変わるだろうか。
2 (1) 音の速さ〔m/s〕＝音が伝わる距離〔m〕÷音が伝わる時間〔s〕の式にあてはめて計算する。

エネルギー

身のまわりの現象（光・音・力）

2. 音の性質(2)

（　）と□□□にあてはまる語句を答えよう。

1 音の大小と高低 ▶▶ ❶ ❷

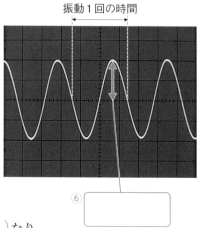

振動1回の時間

⑥

□(1)　オシロスコープは，① (　　　　　　　　) のようすを波の形（波形）として表示する装置である。

□(2)　図のようなオシロスコープの画面では，横軸は時間を表し，縦軸は振動の② (　　　　　　) を表している。振動の②を③ (　　　　　　) という。

□(3)　1秒間に振動する回数を④ (　　　　　　) といい，⑤ (　　　　　　)（記号Hz）という単位で表す。

□(4)　図の⑥

□(5)　モノコードを使った実験

　・弦を強くはじくほど振幅は⑦ (　　　　　) なり，
　　音の大きさも⑧ (　　　　　) なる。

　・弦の長さを短くしたり，太さを細いものにしたり，
　　弦を強くはったりするほど，振動数は⑨ (　　　　　) なり，
　　音の高さは⑩ (　　　　　) なる。

□(6)　図の⑪〜⑭

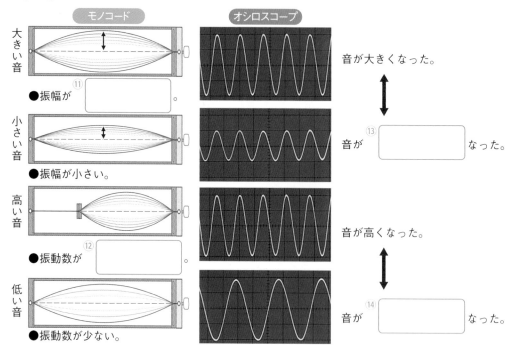

モノコード　　オシロスコープ

大きい音　　●振幅が ⑪ 〔　　　　　〕。　　音が大きくなった。

小さい音　　●振幅が小さい。　　音が ⑬ 〔　　　　　〕なった。

高い音　　●振動数が ⑫ 〔　　　　　〕。　　音が高くなった。

低い音　　●振動数が少ない。　　音が ⑭ 〔　　　　　〕なった。

要点	●振動の振れ幅を振幅といい，1秒間に振動する回数を振動数という。 ●振幅が大きいほど，音は大きくなり，振動数が多いほど，音は高くなる。

2. 音の性質(2)

① 図は，音を出している物体の振動のようすを表した波形である。　▶▶ **1**

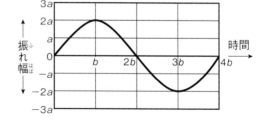

□(1) 音を発生しているもののことを何というか。
（　　　　　　）

□(2) 図の音の振幅を，⑦～㋑から選びなさい。
（　　　　　　）

　　⑦ a　　⑦ $2a$　　⑦ $3a$　　㋑ $4a$

□(3) 図の音が1回振動するのにかかる時間を，⑦
～㋑から選びなさい。（　　　　　　）

　　⑦ b　　⑦ $2b$　　⑦ $3b$　　㋑ $4b$

□(4) 物体が1秒間に振動する回数のことを何というか。（　　　　　　）

② 図1のような装置で，モノコードの弦の条件やはじき方の条件を変えて，波形を調べたところ，図2のような波形が観察できた。　▶▶ **1**

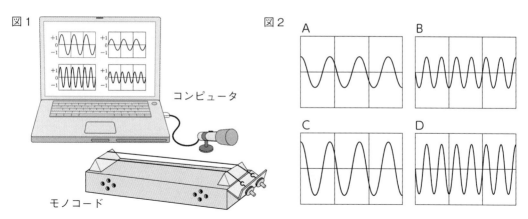

□(1) 図2のAの波形を観察したときよりも，弦を強くはじいた。

　① このときの波形を，図2のA～Dから選びなさい。（　　　　　　）

　② 音の大きさや高さはどうなったか。⑦～㋑から選びなさい。（　　　　　　）

　　　⑦ 音が大きくなった。　　⑦ 音が小さくなった。

　　　⑦ 音が高くなった。　　　㋑ 音が低くなった。

□(2) 図2のAの波形を観察したときと同じ強さで，弦の条件を変えてはじいたところ，図2のBのような波形が観察できた。このときの操作として考えられるものを，⑦～㋑から2つ選びなさい。
（　　　　　　）

　　⑦ 弦のはり方を弱くした。　　⑦ 弦のはり方を強くした。

　　⑦ 弦の長さを短くした。　　　㋑ 弦の長さを長くした。

ミスに注意 **①** (2) 振幅は，もとの位置（振れ幅0の点）からの振れ幅であることに気をつけよう。
ヒント **②** (2) Aの波形とBの波形では，振幅は同じだが，振動数が異（こと）なっている。

① 図のように，乾電池つきブザーを鳴らしたままつるした容器と簡易真空ポンプをゴム管でつないだ。　30点

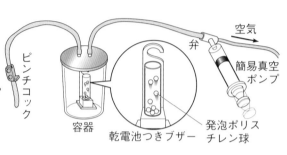

□(1) [記述] 簡易真空ポンプで容器の中の空気をぬいていった。ブザーの音はどのように変化するか。簡潔に書きなさい。[思]

□(2) 発泡ポリスチレン球が入れてある理由を，⑦〜⑨から選びなさい。[技]

　⑦　球の動きの大きさで，音の大きさがわかるようにするため。

　⑦　球の動きで，音が聞こえなくてもブザーが作動していることがわかるようにするため。

　⑨　球の動きで，容器の中の空気のようすを知るため。

□(3) 容器の中の空気をぬいた後で，ピンチコックをゆるめて空気を入れると，ブザーの音はどうなるか。[思]

□(4) この実験から，音を伝えているものは何であるといえるか。

□(5) 音の伝わり方や音を伝える物質について，誤っているものを⑦〜⑨から選びなさい。

　⑦　音は金属のような固体の中でも伝わる。　　⑦　音は波として伝わる。

　⑨　音が空気中を伝わるときは，空気が移動している。

② [計算] 校舎から170m離れたところで手をたたいたところ，その音が校舎の壁に反射して，1秒後に聞こえた。　12点

□(1) このときの音が伝わる速さは，何m/sか。

□(2) 校舎からさらに離れて，競技用ピストルを鳴らしたところ，反射した音は5秒後に聞こえた。このときの校舎からの距離は何mか。

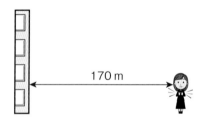

170m

③ 図のようなギターから出る音について調べた。[思]　14点

□(1) [記述] 弦を強くはじくと，弱くはじくときに比べて，音はどうなるか。

□(2) ギターにはられた1本の弦の〇の位置をはじくとき，より高い音を出すためにはどうすればよいか。⑦〜⑨からすべて選びなさい。

　⑦　図のPの位置を押さえてはじく。　　⑦　図のQの位置を押さえてはじく。

　⑨　弦のはり方を弱くする。　　　　　　⑨　弦のはり方を強くする。

　⑨　太い弦にはりかえる。　　　　　　　⑨　細い弦にはりかえる。

4 音さXと音さYを，それぞれ2回ずつ鳴らし，音の振動のようすをオシロスコープで
観察した。図A～Dはそのときの波形をコンピュータの画面に表したものである。 44点

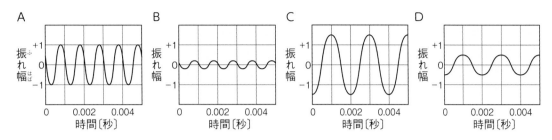

- □(1) 4回鳴らしたうち，音の大きさがもっとも小さいときの振動のようすを表している図を，
A～Dから選びなさい。

- □(2) 音さXと音さYでは，XのほうがYより低い音が出た。音さYの音を表している図を，A
～Dから2つ選びなさい。 思

- □(3) 同じ音さをたたいたときに出る音の振動のようすにちがいがあるのはなぜか。その理由を
⑦～⑦から選びなさい。 思
  - ⑦ 音さをたたく強さが変わると，振幅にちがいが出るから。
  - ④ 音さをたたく強さが変わると，振動数にちがいが出るから。
  - ⑦ 音さをたたく強さが変わると，振幅と振動数の両方にちがいが出るから。

- □(4) 図Cに記録された音が，1回振動するのにかかった時間は何秒か。 技

- □(5) 計算 図Cに記録された音の振動数は，何Hzか。

- □(6) ①音の大きさ，②音の高さは，それぞれ振動の何によって決まるか。

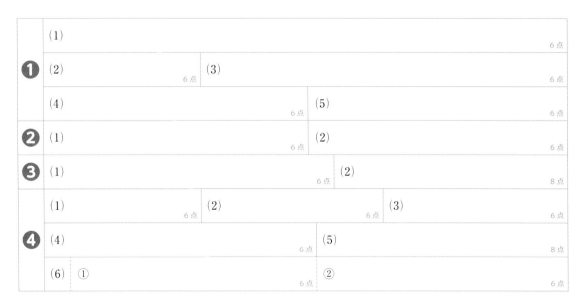

（　）と □ にあてはまる語句を答えよう。

1 力のはたらき

□(1) ①（　　　　　　）には，物体を変形させたり，速さや向きを変えたりするなどのはたらきがある。

□(2) 変形した物体がもとにもどろうとして生じる力を②（　　　　　　）という。

□(3) 地球が物体を，地球の中心に向かって引く力を③（　　　　　　）という。

□(4) 磁石の極と極の間にはたらく力を④（　　　　　　）という。

□(5) プラスチックに紙片や髪の毛がくっつくときなどにはたらく力を⑤（　　　　　　）という。

□(6) 重力や磁力，(静)電気力(電気の力)は，物体どうしが⑥（　　　　　　）いてもはたらく力である。

□(7) 図の⑦～⑧

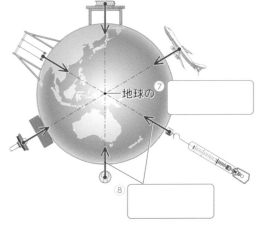

—地球の⑦

⑧

地球の中心に向かう方向を，その場所での鉛直（えんちょく）方向というんだよ。

2 力の大きさ

□(1) 力の大きさは①〔　　　　　　〕（記号N）の単位で表す。

□(2) ばねに加える力を大きくすると，ばねののびは②（　　　　　）なる。

□(3) ばねののびは，ばねに加える力の大きさに③（　　　　　）する。これを④（　　　　　）の法則という。

□(4) 図の⑤～⑥

□(5) グラフの線を引くときには，⑦（　　　　　）があることを考え，単純に折れ線で引いてはいけない。直線を引くときには，ものさしの辺の上下に点が同じぐらい散らばるように引く。

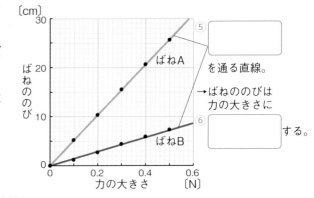

⑤
を通る直線。

→ばねののびは力の大きさに

⑥
する。

〔cm〕
30
20
ばねののび
10
0

ばねA
ばねB

0　0.2　0.4　0.6
力の大きさ　〔N〕

要点
●力は，物体を変形させたり，物体の動きを変えたりする。
●ばねののびはばねに加える力の大きさに比例する。これをフックの法則という。

3. 力のはたらき(1)

① 物体には，いろいろな種類の力がはたらく。　　　▶▶ **1**

□(1) 力のはたらきとしてまちがっているものを，⑦～⑪からすべて選びなさい。

（　　　　　　　）

　　⑦　物体を重くする。　　　　⑦　物体を変形させる。

　　⑦　物体を大きくする。　　　⑪　物体の速さを変える。

□(2) 変形した物体がもとにもどろうとして生じる力のことを何というか。（　　　　　　　）

□(3) 地球が物体を，地球の中心に向かって引く力のことを何というか。（　　　　　　　）

□(4) 離れていてもはたらく力を⑦～⑪からすべて選びなさい。（　　　　　　　）

　　⑦　重力　　⑦　弾性力(弾性の力)　　⑦　磁力(磁石の力)　　⑪　(静)電気力(電気の力)

② ばねにおもりをつるして力を加えたときの，力の大きさとばねののびの関係を調べた。　▶▶ **2**
ただし，おもり1個は20gで，100gの物体にはたらく重力の大きさを1Nとする。

おもりの数〔個〕	0	1	2	3	4	5
力の大きさ〔N〕	0	0.2	①	②	③	④
ばねののび〔cm〕	0	0.9	2.0	3.1	4.0	5.0

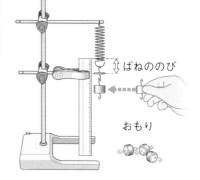

ばねののび

おもり

□(1) **計算** 表は，力の大きさとばねののびの関係を記録した
ものである。①～④に入る数値を答えなさい。

①（　　　　　）　　②（　　　　　）
③（　　　　　）　　④（　　　　　）

□(2) 測定するとき，真の値に対して測定値がわずかにずれ
てしまう。このずれのことを何というか。

（　　　　　　　）

□(3) 表をもとに，力の大きさとばねののびの関係を表すグラフをかくとき，正しいかき方であ
るものを，ⓐ～ⓓから選びなさい。（　　　　　　　）

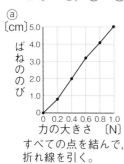

すべての点を結んで，
折れ線を引く。

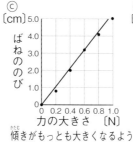

多くの点の近くを通る
ように直線を引く。

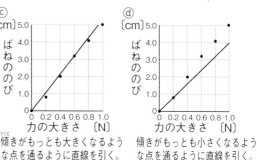

傾きがもっとも大きくなるよ
うな点を通るように直線を引く。

傾きがもっとも小さくなるよ
うな点を通るように直線を引く。

□(4) (3)のグラフから，力の大きさとばねののびには，どのような関係があるといえるか。

（　　　　　　　）

□(5) (4)の関係を何の法則というか。（　　　　　　　）

ヒント **②** (1) 力の大きさは，100gの物体で1Nだから，1個20gのおもりでは0.2N，2個以上も同様に考える。
② (3) グラフの線を引くときは，誤差(ごさ)があることを考える必要がある。

( )と□にあてはまる語句を答えよう。

1 重力と質量 ▶▶①

□(1) 物体にはたらく重力の大きさ(重さ)は, ① ( ) や台ばかりではかることができる。

□(2) 月の重力は地球の重力の約$\frac{1}{6}$なので, 同じ物体でも, 地球上と月面上で, ばねばかりが示す値は ② ( )。

□(3) 場所が変わっても変化しない, 物体そのものの量のことを ③ ( ) という。③の単位には, グラム(記号 g)やキログラム(記号 kg)を使う。

□(4) 上皿てんびんを使うと ④ ( ) をはかることができる。上皿てんびんのつり合いは ⑤ ( ) の大きさに影響されない。

□(5) 図の⑥〜⑦

> 小学校ではすべて「重さ」として学んだけど, これからは, 「重さ」と「質量」を区別するんだね!

地球上

月面上

月面上の重力は地球上の約6分の1である。

重力の大きさ

分銅600 g

6 N

⑥

分銅

⑦

質量

2 力の表し方 ▶▶②③

□(1) 力を表すには, 力の ① ( ), 力の向き, ② ( )(力のはたらく点)を考える必要がある。

□(2) 矢印を使った力の表し方:図の③〜⑤

❶ 作用点を「●」ではっきり示す。

❷ 矢印は ⑥ ( ) から力のはたらいている向きにかく。

❸ 矢印の長さは基準を決め, 力の ⑦ ( ) に比例させる。

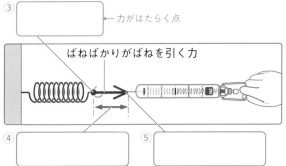

③

←力がはたらく点

ばねばかりがばねを引く力

④

⑤

□(3) 力を矢印で表す方法

❶ どの物体にはたらく力を考えるか, はっきり決める。

❷ 物体にはたらいている力と, その ⑧ ( ) を見つける。

❸ 物体の動きや支えられている向きを考えて, 力の矢印の ⑨ ( ) を決める。

❹ 力の大きさに比例した ⑩ ( ) の矢印をかく。

> **要点**
> ●質量は物体そのものの量で, 重さは物体にはたらく重力の大きさである。
> ●力を表すには, 作用点・力の大きさ・力の向きが必要である。

3. 力のはたらき⑵

❶ 図のように，ばねばかりにおもりXをつるして，力の大きさを調べた。ただし，100gの物体にはたらく重力の大きさを1Nとする。　▶▶ **1**

□⑴　ばねばかりの目盛りが3Nを示したとき，おもりXの質量は何gか。

（　　　　　　　）

□⑵　このばねばかりを用いて，月面上でおもりXをはかると，目盛りは何Nを示すか。ただし，月面上の重力は，地球上の6分の1とする。

（　　　　　　　）

□⑶　上皿てんびんを用いて，月面上でおもりXの質量をはかると，おもりXとつり合う分銅の質量は，全部で何gか。　（　　　　　　　）

❷ 図1，2のような物体にはたらく力について考える。ただし，100gの物体にはたらく重力の大きさを1Nとし，1Nの力を1cmの長さの矢印で表すものとする。　▶▶ **2**

図1　ばねを水平に引っぱる3Nの力

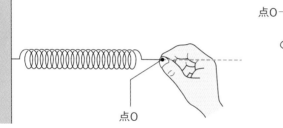

点O

図2　200gのみかんにはたらく重力

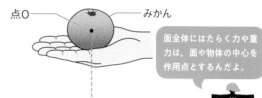

点O　みかん

面全体にはたらく力や重力は，面や物体の中心を作用点とするんだよ。

□⑴　作図 図1，2の点Oにはたらく力を，それぞれ図に矢印でかき表しなさい。
□⑵　点Oを何というか。　（　　　　　　　）
□⑶　図1で，人の手が加えている力は，どのようなはたらきをしているか。㋐〜㋒からそれぞれ選びなさい。　（　　　　　　　）

　　㋐　物体を変形させる。　　　㋑　物体を支える。　　　㋒　物体の動きを変える。

❸ 同じドーナツ型の磁石A，Bを，同じ極どうしが向かい合わせになるように棒に通すと，図のように磁石Aが浮いた状態で静止した。　▶▶ **2**

磁石A
磁石B

□⑴　磁石Aが磁石Bから受けている①力の向きと，②力の種類をそれぞれ書きなさい。　　　　①（　　　　　　）　②（　　　　　　）
□⑵　磁石Bがおよぼす力のほかに，磁石Aが受けている力の種類は何か。

（　　　　　　　）

ミスに注意　❶ ⑵⑶ 重力が異（こと）なる場所でも，質量は変わらない。
ヒント　❷ ⑴ 矢印の向きは力の向きに合わせ，力の大きさに比例した長さの矢印を点Oからのばす。

エネルギー　身のまわりの現象（光・音・力）

3. 力のはたらき(3)

( )と□□□にあてはまる語句を答えよう。

1 2力がつり合う条件

□(1)　1つの物体に2つ以上の力がはたらいていて，その物体が静止しているとき，物体にはたらく力は①(　　　　　　　　　)という。

□(2)　2力がつり合う条件：3つの条件のどれか1つでも欠けると，2力はつり合わない。

❶　2力の②(　　　　　　)は等しい。

❷　2力の向きは③(　　　　　　)である。

❸　2力は④(　　　　　)上にある(作用線が一致する)。

□(3)　つり合っている2力：図の⑤～⑥

(a)引き合う場合　　　　　　　　　　(b)押し合う場合

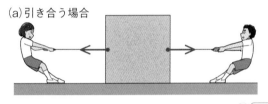
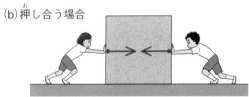

(a), (b)どちらも，2つの矢印は，❶長さが⑤[　　　　　　　]。❷向きが⑥[　　　　　　　]である。❸一直線上にある。

2 摩擦力と垂直抗力(抗力)

□(1)　物体を動かすとき，動こうとしている向きと反対向きに，ふれ合う面からはたらく力を①(　　　　　　　)という。物体を押しているのに動かないときは，物体を押した力とつり合う①が物体にはたらいている。

□(2)　物体が面を押すとき，面から物体に対して垂直にはたらく力を②(　　　　　　)という。

□(3)　机の上に置いた本には③(　　　　　)がはたらいているが静止している。このとき，机から本に，③とつり合う力である④(　　　　　)がはたらいている。

□(4)　図の⑤～⑥

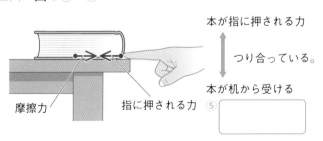

本が指に押される力

つり合っている。

本が机から受ける⑤[　　　　　]

摩擦力　　指に押される力

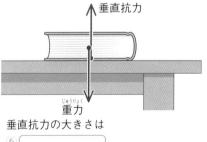

垂直抗力

重力

垂直抗力の大きさは⑥[　　　　　]の大きさに等しい。

要点　●つり合っている2力は，大きさが等しく，向きが反対で，一直線上にある。
●力を受けても静止している物体には，摩擦力や垂直抗力がはたらいている。

1 図のA〜Dは，物体にはたらく2力を矢印で表したものである。　▶▶ **1**

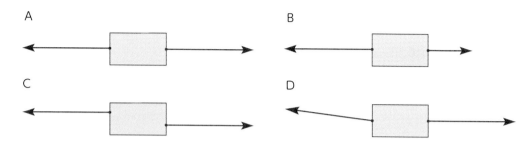

A

B

C

D

□(1)　2力がつり合っているものを，図のA〜Dから選びなさい。　　　　（　　　　　）

□(2)　①〜③は，2力がつり合う条件である。（　　　）にあてはまる語句を書きなさい。

　　①　2力の大きさは（　　　　　　）。

　　②　2力の向きは（　　　　　　　）である。

　　③　2力は（　　　　　　　）上にある。

□(3)　(2)の③の条件だけがあてはまらないために，2力がつり合っていないものを，図のA〜D
から選びなさい。　　　　　　　　　　　　　　　　　　　　　　　　　（　　　　　）

2 図1は，水平な面上で静止している300gの木片を示している。　▶▶ **2**

□(1)　作図 この木片には，図1に示した垂直抗力のほ
かに，重力がはたらいている。木片にはたらく
重力の力の矢印を，図1にかきなさい。ただし，
方眼の1目盛りは1Nを表すものとし，100g
の物体にはたらく重力の大きさを1Nとする。

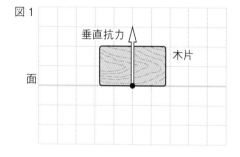

図1

垂直抗力

木片

面

□(2)　図2のように，図1の木片にひもをつけて，図
に示した矢印の方向に2.5Nの力で引いたとき，
木片は動かなかった。このとき，面から木片に
はたらいている力のことを何というか。

（　　　　　　　）

□(3)　(2)の力の向きは，図のAの向き，Bの向きのど
ちらか。また，力の大きさは何Nか。

向き（　　　　　）　大きさ（　　　　　）

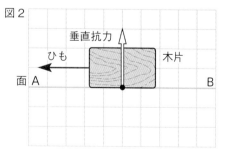

図2

垂直抗力

ひも

木片

面 A

B

ミスに注意 **2** (1) 重力の作用点は，木片の中心にある。垂直抗力の作用点とは異（こと）なるので気をつける。

ヒント **2** (3) つり合っている2力の条件から考える。

3. 力のはたらき

❶ ボールをにぎった手を開くと，ボールは落下した。

14点

- □(1) 記述 落下しているボールには，力がはたらいている。なぜ力がはたらいているといえるか，その理由を簡潔に書きなさい。思

- □(2) (1)でボールにはたらいている力を何というか。

- □(3) (2)の力は，物体どうしが離れていてもはたらく力である。(2)の力のほかに，物体どうしが離れていてもはたらく力を，2つ書きなさい。

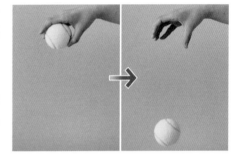

- □(4) ボールが手でにぎられていたとき，ボールには2つの力がはたらいていたが，ボールは静止していた。思
  - ① このとき，2つの力はどのようになっていたといえるか。
  - ② ボールに力を加えている2つの物体の名前をそれぞれ答えなさい。

❷ 図は，ばねにおもりをつり下げて，ばねののびを調べた結果をグラフに表したものである。ただし，100gの物体にはたらく重力の大きさを1Nとする。　15点

- □(1) グラフから，ばねののびとばねを引く力の大きさの間には，どのような関係があるといえるか。

- □(2) (1)の関係のことを何の法則というか。

- □(3) 計算 ばねに0.1Nのおもりをつり下げたとき，ばねののびは何cmになるか。

- □(4) 計算 ばねに30gのおもりをつり下げたとき，ばねののびは何cmになるか。

- □(5) 計算 このばねを4.5cmのばすには，何gのおもりをつり下げればよいか。

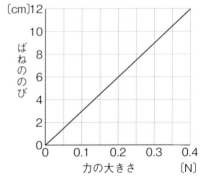

❸ 図は，ばねにおもりをつり下げたときにはたらく力を表している。　14点

- □(1) のびたばねのように，変形した物体がもとにもどろうとして生じる力のことを何というか。

- □(2) 図の力A〜Dは，それぞれどのような力を表しているか。⑦〜⑦からそれぞれ選びなさい。
  - ⑦ 棒がばねを支える力
  - ⑦ ばねがおもりを引く力
  - ⑦ 地球がおもりを引く力
  - ⑦ ばねが棒を引く力
  - ⑦ おもりがばねを引く力

- □(3) 図の力A〜Dのうち，ばねにはたらいている力をすべて選びなさい。

　成績評価の観点　技…観察・実験の技能　思…科学的な思考・判断・表現

❹ 図は，いろいろな力を表す矢印を示している。ただし，方眼の１目盛りは 0.5 N を表すものとする。

15 点

□(1) ①〜⑥にあてはまる力をそれぞれ選び，アルファベット 2 文字で書きなさい。

① 力 AB と同じ大きさの力

② 力 CD と同じ作用点にはたらく力

③ 図中でもっとも小さい力

④ 力 AB と同じ向きの力

⑤ 大きさが 3 N の力

⑥ 力 FG と向きが同じで，大きさが 2 倍の力

□(2) 力 CD とつり合う力を，点Cを作用点として，図にかき入れなさい。

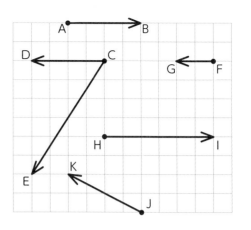

❺ ⟨よく出る⟩ 作図 (1)〜(3) の力を表す矢印を，それぞれ図中にかき入れなさい。ただし，10 N の力を 0.5 cm の矢印で表すものとし，作用点は●で示しなさい。技

9 点

□(1) 台車を右向きに押す 50 N の力

□(2) 地面の上で静止しているボールにはたらく 10 N の重力

□(3) 手で荷物を持つ 30 N の力

(1)
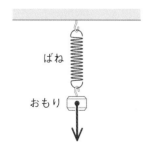

(2)
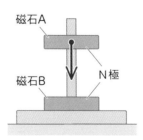

(3)
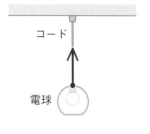

❻ 図の ⓐ〜ⓒ では，１つの物体にはたらく 2 力がつり合っているようすを表すために，一方の力を矢印で表している。

17 点

ⓐ おもりにはたらく重力　　ⓑ 磁石Aにはたらく重力　　ⓒ コードが電球を引く力

 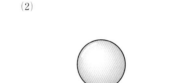 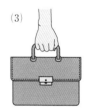

□(1) 点UP 図の ⓐ，ⓑ で，矢印で表した力とつり合っているのはどのような力か。力を加えている物体と，力の種類がわかるようにそれぞれ書きなさい。思

□(2) 作図 図の ⓐ〜ⓒ の矢印とつり合っている力の矢印を，それぞれ図中にかき入れなさい。技

エネルギー

身のまわりの現象（光・音・力）

❼ 図のA〜Dは，1つの物体に2つの力がはたらいているところを，矢印を使って表したものである。思

7点

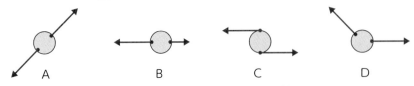

- □(1) 2力がつり合って，物体が動かないのは，A〜Dのどれか。

点UP □(2) 物体が図の左のほうに動くのは，A〜Dのどれか。

よく出る **❽** 図は，机の上に置いた物体を水平に押すときに，物体にはたらいている4つの力を矢印で示したものである。ただし，この物体は静止している。

9点

- □(1) ①摩擦力（ま さつりょく），②垂直抗力（すいちょくこうりょく）(抗力)を表している矢印を，それぞれA〜Dから選びなさい。

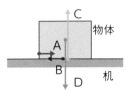

- □(2) 物体にはたらく重力とつり合っている力の矢印を，A〜Dから選びなさい。

❶	(1)			3点
	(2) ⟨3点⟩		(3)	3点
	(4) ①		② ⟨2点⟩	3点

❷	(1) ⟨3点⟩		(2)	3点
	(3) ⟨3点⟩	(4) ⟨3点⟩	(5)	3点

❸	(1) ⟨3点⟩		(2) A ⟨2点⟩	B ⟨2点⟩
	(2) C ⟨2点⟩	D ⟨2点⟩	(3)	3点

❹	(1) ① ⟨2点⟩	② ⟨2点⟩	③ ⟨2点⟩	④ ⟨2点⟩
	(1) ⑤ ⟨2点⟩	⑥ ⟨2点⟩	(2) 図に記入	3点

❺	(1) 図に記入 ⟨3点⟩	(2) 図に記入 ⟨3点⟩	(3) 図に記入 ⟨3点⟩

❻	(1) (a) ⟨4点⟩	(2) 図に記入
	(1) (b) ⟨4点⟩	各3点(9点)

❼	(1) ⟨3点⟩	(2)	4点

❽	(1) ① ⟨3点⟩	② ⟨3点⟩	(2)	3点

定期テスト予報 フックの法則に関する問題，力を矢印で表す作図問題，2力のつり合いの問題がよく出ます。物体にはたらく力を理解し，言葉と図の両方で表せるようにしておきましょう。

テスト前に役立つ！

\\ 定期テスト //

予想問題

◀ **チェック!**

- テスト本番を意識し，時間を計って解きましょう。

- 取り組んだあとは，必ず答え合わせを行い，
  まちがえたところを復習しましょう。

- 観点別評価を活用して，自分の苦手なところを確認しましょう。

テスト前に解いて，わからない問題やまちがえた問題は，もう一度確認しておこう!

よく出る ❶ 図1は，エンドウの花を表したものである。また，図2は図1のBを拡大した断面，図3はBが成長したようすを表したものである。［思］

33点

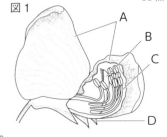

図1

□(1)　A〜Fの部分を，それぞれ何というか。

□(2)　エンドウのように，FがEの中にある植物を何というか。

□(3)　(2)の植物のなかまを，⑦〜㊗からすべて選びなさい。

⑦　スギ　　　④　サクラ　　　⑦　イチョウ　　　㊤　アブラナ

㊦　マツ　　　㊥　ユリ　　　㊗　イヌワラビ

□(4)　EとFが成長すると，それぞれG・Hのどちらのようになるか。

□(5)　記述 図2が図3のようになるには，受粉が必要である。エンドウにおける受粉とはどのようなことか。「柱頭」という語句を使って簡潔に書きなさい。

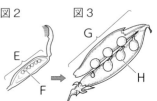

図2　図3

❷ 図は，花A・Bをつけたマツの枝と，そのりん片C，Dを表したものである。

20点

□(1)　Aについて正しく述べたものはどれか。次の⑦〜㊤から選びなさい。

⑦　Aは雌花で，そのりん片はCである。

④　Aは雌花で，そのりん片はDである。

⑦　Aは雄花で，そのりん片はCである。

㊤　Aは雄花で，そのりん片はDである。

□(2)　マツの種子のでき方について正しく述べたものはどれか。次の⑦〜㊤から選びなさい。

⑦　花粉のう⒜が種子になる。　　④　胚珠⒜が種子になる。

⑦　花粉のう⒝が種子になる。　　㊤　胚珠⒝が種子になる。

点UP □(3)　記述 マツには果実ができないのはなぜか。その花のつくりから説明しなさい。［思］

❸ 図は，タンポポとスズメノカタビラの根のようすをスケッチしたものである。

11点

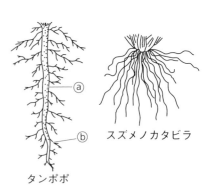

スズメノカタビラ

タンポポ

□(1)　タンポポでは，太い根⒜から細い根⒝が出ていた。⒜，⒝をそれぞれ何というか。

□(2)　スズメノカタビラのように，広がった多数の細い根を何というか。

□(3)　根のようすがスズメノカタビラに似ている植物を，⑦〜㊤から1つ選びなさい。

⑦　ツツジ　　④　トウモロコシ

⑦　ナズナ　　㊤　アサガオ

成績評価の観点　技…観察・実験の技能　思…科学的な思考・判断・表現

④ 図は，種子植物をいろいろな特徴でなかま分けしたものである。思　　26点

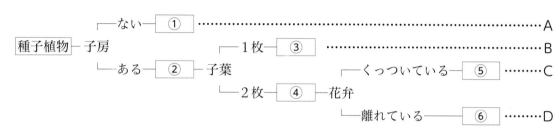

□(1) ①～⑥にあてはまる分類名をそれぞれ書きなさい。
□(2) A～Dにあてはまる植物を，⑦～⑤から1つずつ選びなさい。

　⑦　ユリ　　　⑦　ソテツ　　　⑦　ツツジ　　　⑤　サクラ

⑤ 種子をつくらない植物に，イヌワラビとゼニゴケがある。　　10点

□(1) イヌワラビとゼニゴケは，何でふえるか。
□(2) ①イヌワラビと②ゼニゴケの特徴を，⑦～⑤からそれぞれすべて選びなさい。

　⑦　体が緑色をしている。　　　⑦　雌株と雄株がある。
　⑦　根，茎，葉の区別がある。　　⑤　日かげや湿りけの多いところで育つ。

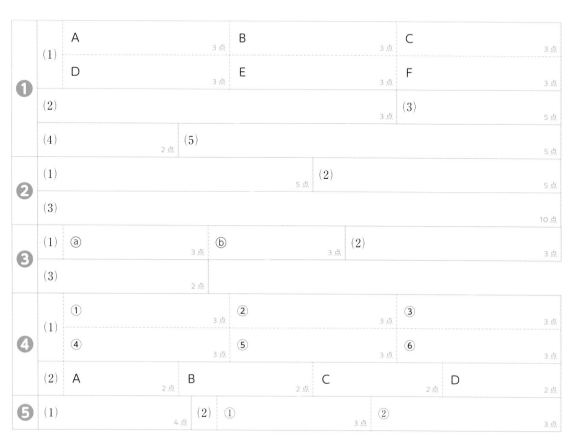

2. 動物の体の共通点と相違点

❶ 図は，シマウマとチーターの頭部の骨を表したものである。　28点

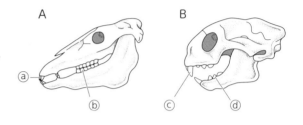

- □(1) シマウマのように，植物を食べる動物を何というか。
- □(2) シマウマの頭部の骨を表しているのは，A，Bのどちらか。
- □(3) シマウマの目のつき方は，横向き，前向きのどちらか。
- 点UP □(4) 記述 (3)のような目のつき方は，シマウマが生きていくうえでどのような利点があるか。簡潔に書きなさい。
- 点UP □(5) ①～④のような特徴がある歯を，ⓐ～ⓓから1つずつ選びなさい。
  - ① 草をすりつぶすのに適している。
  - ② 草を切るのに適している。
  - ③ 肉をさき，骨をくだくのに適している。
  - ④ 獲物をとらえるのに適している。

❷ よく出る 図は，5種類の動物をA～Dの特徴によってなかま分けしたものである。A～Dにあてはまる特徴を，⑦～⑰から1つずつ選びなさい。思　12点

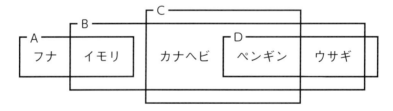

- ⑦ ある程度育った子を産む。　⑦ 殻のある卵を産む。　⑦ 水中に卵を産む。
- ⑩ 肺で呼吸する時期がある。　⑰ 体表が羽毛や毛でおおわれ，体温が下がりにくい。

❸ 表は，脊椎動物の特徴をまとめたものである。思　30点

	魚　類	両生類	は虫類	鳥　類	哺乳類
生まれ方	① 卵生	② 卵生	③	④ 胎生	⑤ 胎生
呼　吸	⑥ えら	⑦	⑧ えら	⑨ 肺	⑩
体表など	⑪ うろこ	⑫ (粘液で)湿った皮膚	⑬ (粘液で)湿った皮膚	⑭	⑮ 毛

- 点UP □(1) 表の①～⑮の記述には3つ間違いがある。その番号と正しい内容を書きなさい。
- □(2) ③，⑩，⑭にあてはまる語句をそれぞれ書きなさい。
- □(3) 記述 ⑦で，両生類は子と親で呼吸のしかたが異なる。そのちがいを簡潔に書きなさい。

　成績評価の観点　技…観察・実験の技能　思…科学的な思考・判断・表現

❹ 図は，いろいろな動物A～Fを表したものである。 30点

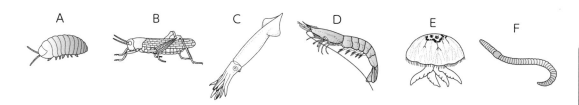

A   B   C   D   E   F

□(1) 動物A～Fには，大きな共通点がある。
　① 記述 A～Fの大きな共通点は何か。
　② A～Fのような共通の特徴をもった動物を何というか。

□(2) 動物A～Fの中には，体が外骨格でおおわれ，節のあるあしをもつものがいる。
　① このような特徴をもった動物のなかまを何というか。
　② このような特徴をもった動物を，A～Fからすべて選びなさい。
　③ このような特徴をもった動物は，さらに昆虫類と甲殻類などに分けることができる。
　　②から甲殻類をすべて選びなさい。

□(3) 動物A～Fの中には，あしが筋肉でできていて，内臓が膜でおおわれているものがいる。
　① このような特徴をもった動物のなかまを何というか。
　② このような特徴をもった動物を，A～Fからすべて選びなさい。
　③ このような特徴をもった動物の内臓をおおう膜を何というか。

点UP

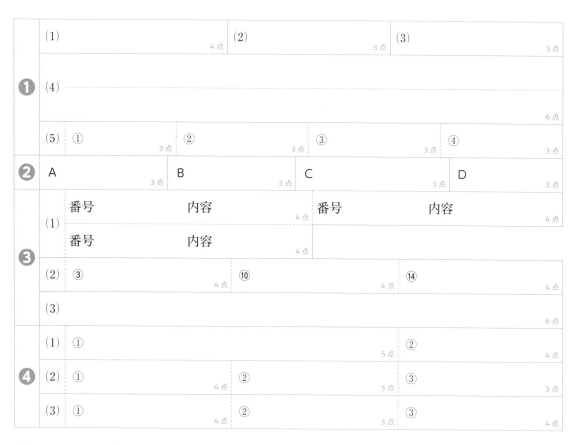

よく出る ❶ 白い粉末A～Cについて，実験1，2を行った。ただし，A～Cは，㋐砂糖，㋑食塩，㋒デンプン（かたくり粉）のいずれかである。**思**　28点

実験1 A～Cを燃焼さじにとって加熱したところ，Aは変化しなかったが，B，Cは燃えて炭になった。火がついたB，Cを図のように集気びんに入れて，火が消えたら燃焼さじをとり出し，石灰水を入れてよく振った。

石灰水

実験2 A～Cをそれぞれ別の試験管に質量をそろえてはかりとり，それぞれに同じ量の水を入れてよく振ったところ，A，Cはとけたが，Bはとけなかった。

□(1) 実験1で，火がついたB，Cを集気びんに入れると，集気びんの内側がくもった。このくもりはおもに，何という物質によるものか。

□(2) 実験1で，石灰水はどのように変化したか。

□(3) 石灰水の変化から，B，Cが燃えるとき，何という気体が発生するといえるか。

□(4) B，Cのように，燃えると(3)が発生する物質のことを，何というか。

□(5) 白い粉末A～Cは，それぞれ㋐～㋒のどれか。

❷ ある固体の物質Xの性質を調べる実験を行った。**技**　20点

結果 1. メスシリンダーに水150.0 cm³をとり，これに物質Xを静かに入れて沈めた。物質Xは水にとけず，液面は165.0 cm³を示した。

2. 物質Xを上皿てんびんにのせ，反対側の皿に分銅をのせてつり合わせた。使った分銅は図のようになった。

3. 物質Xが電気を通すか調べたところ，よく電気を通した。また，物質Xには特有の光沢があった。

20g　20g　500mg

□(1) **計算** 物質Xの①体積は何 cm³か。また，②質量は何 g か。

□(2) 物質Xは金属か，それとも非金属か。

□(3) **計算** 物質Xの密度は何 g/cm³か。

□(4) 表から，物質Xの物質名を答えなさい。

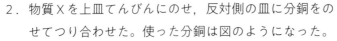
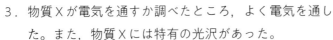

物質	密度(g/cm³)
銅	8.96
鉄	7.87
アルミニウム	2.70
ガラス	2.5
塩化ナトリウム	2.17

❸ 図は，ガスバーナーを表したものである。**技**　16点

□(1) 図のA，Bは，それぞれ何の量を調節するねじか。

□(2) **記述** ガスの元栓を開ける前にしなければならないことは何か。

□(3) ガスバーナーの炎が黄色くゆらめいていた。これを適当な青色の炎にするには，A，Bどちらのねじを，図の⒜，⒝どちらの向きに回せばよいか。

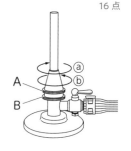
ⓐ
ⓑ
A
B

④ 図1の@，⑤は気体の発生装置を，A〜Cは気体の集め方を表している。技 思　　36点

□(1) 装置@に，石灰石とうすい塩酸を入れたとき，発生する気体は何か。

□(2) 装置@に，亜鉛とうすい塩酸を入れたとき，発生する気体は何か。

□(3) 記述 (1)，(2)で発生した気体が，異なる気体であることを確かめるにはどのような実験をすればよいか。実験方法を2つ書きなさい。

□(4) 装置@に，二酸化マンガンとうすい過酸化水素水を入れたとき，発生する気体を集める方法として適切なものをA〜Cから選びなさい。

□(5) 装置⑤でアンモニアを発生させるには，試験管に何と何の混合物を入れて加熱すればよいか。2種類の物質名を書きなさい。

□(6) 発生したアンモニアを集めるには，図1のA〜Cのどの集め方が適切か。

 □(7) 記述 (6)の方法を選んだ理由を簡潔に書きなさい。

□(8) 記述 図2で，フラスコに入った水を赤色のリトマス紙につけると，リトマス紙の色はどうなるか。

図1
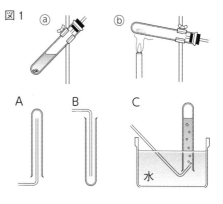
A　　B　　C
水

図2

アンモニアを入れたフラスコ
水を入れたスポイト
水
ガラス管

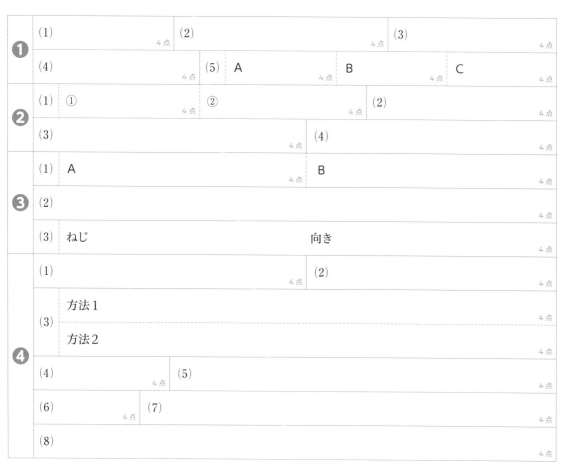

❶	(1)	4点	(2)	4点	(3)	4点
	(4)	4点	(5) A	4点 B	4点 C	4点
❷	(1) ①	4点 ②	4点	(2)		4点
	(3)	4点	(4)			4点
❸	(1) A	4点 B				4点
	(2)					4点
	(3) ねじ	向き				4点
❹	(1)	4点	(2)			4点
	(3) 方法1					4点
	方法2					4点
	(4)	4点	(5)			4点
	(6)	4点	(7)			4点
	(8)					4点

1 カップの水120 gに，砂糖30 gを入れた。Aは，入れた直後のようすを表したものである。ただし，水の粒子は省略している。 技 思 　　　21点

□(1) 作図 水をよくかき混ぜると，砂糖が完全にとけた。このとき，砂糖の粒子はどのようになっているか。Bに砂糖の粒子のようすをかき入れなさい。

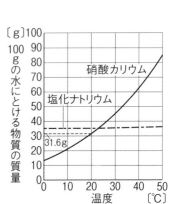

□(2) 砂糖が完全にとけてできた砂糖水の温度を保ち，水が蒸発しないようにして放置した。このとき，砂糖の粒子はどのようになるか。⑦～⑦から選びなさい。

⑦　水面近くに浮かんでいる。

④　底に沈んでいる。

⑦　全体に均一に散らばっている。

□(3) 計算 この砂糖水の質量パーセント濃度は何％か。

点
UP □(4) 計算 この砂糖水の濃さを半分にするには，水を何g加えればよいか。

よく
出る **2** **図は，塩化ナトリウムと硝酸カリウムの溶解度曲線である。** 技 思 　　　31点

□(1) 塩化ナトリウム50 gと硝酸カリウム50 gを，それぞれ水100 gにとかし，よくかき混ぜた。その後，それぞれの水溶液を50 ℃にあたためた。このときの①塩化ナトリウム，②硝酸カリウムの水へのとけ方を，⑦～⑦から1つずつ選びなさい。

⑦　全部とける。

④　とけるが，全部はとけずにとけ残る。

⑦　ほとんどがとけ残る。

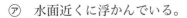

□(2) (1)でつくった硝酸カリウム水溶液の水を蒸発させると，結晶ができた。このように，物質をいったん水にとかして，再び結晶としてとり出すことを何というか。

□(3) 計算 80 ℃の水100 gに，硝酸カリウム68.8 gをとかして水溶液をつくった。この水溶液を20 ℃まで冷やすと，何gの硝酸カリウムが結晶として出てくるか。

□(4) 計算 (3)で20 ℃まで冷やしたときの硝酸カリウム水溶液の質量パーセント濃度は何％か。小数第1位を四捨五入して，整数で答えなさい。

□(5) 塩化ナトリウムの結晶を，ⓐ～ⓒから選びなさい。

  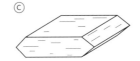

成績評価の観点 　技…観察・実験の技能　　思…科学的な思考・判断・表現

3 水とエタノールの混合物 10 cm³ を，図1の装置でゆっくり加熱し，出てきた液体を順に試験管 A〜C に約2 cm³ ずつ集めた。技 思 　　38点

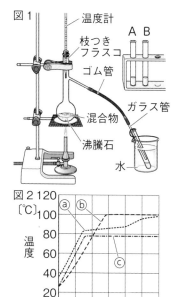

□(1) 記述 図1のビーカーの水は，どのようなはたらきをしているか。簡潔に書きなさい。

□(2) 図1で，温度計の液だめを，枝つきフラスコの枝の高さにするのは，何の温度をはかるためか。

□(3) この実験の混合物の温度変化を表したグラフとして適切なものを，図2の@〜©から選びなさい。

□(4) 試験管 A〜C に集めた液体を，それぞれ別の蒸発皿にとり，マッチの火を液面に近づけた。このとき，青白い炎を上げて燃えるものを，A〜C から選びなさい。

□(5) (4)で青白い炎を上げて燃えた液体に多くふくまれている物質は何か。

□(6) この実験のように，液体を加熱して沸騰させ，出てくる気体を冷やして再び液体を得ることを何というか。

□(7) (6)の操作は，物質の性質のうち，何のちがいを利用したものか。

4 表は，さまざまな物質の融点と沸点を示している。思 　　10点

物質	窒素	水銀	塩化ナトリウム	鉄	エタノール	パルミチン酸
融点〔℃〕	−210	−39	801	1538	−115	63
沸点〔℃〕	−196	357	1485	2862	78	360

□(1) 20℃で固体の状態を示す物質をすべて選びなさい。

□(2) 0℃では液体で，100℃では気体の状態を示す物質をすべて選びなさい。

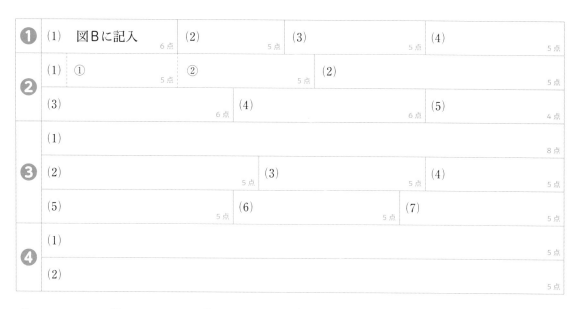

❶	(1) 図Bに記入 6点	(2) 5点	(3) 5点	(4) 5点

❷	(1) ① 5点	② 5点	(2) 5点

(3) 6点	(4) 6点	(5) 4点

❸	(1) 8点

(2) 5点	(3) 5点	(4) 5点

(5) 5点	(6) 5点	(7) 5点

❹	(1) 5点

(2) 5点

❶　　/21点　❷　　/31点　❸　　/38点　❹　　/10点

定期テスト予想問題

身のまわりの物質

117

❶ 図は，ある崖で見られた地層を表したものである。 24点

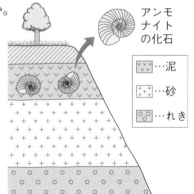

□(1) 地層や岩石などが地表に現れている崖などを何というか。

□(2) 次の文の　　　　にあてはまる語句を書きなさい。

　　アンモナイトのような海の生物の化石がふくまれて
いる層は，　①　で堆積し，　②　して地表に現れた
と推測される。

□(3) れき，砂，泥は，何のちがいをもとにして区別されるか。

□(4) 記述 しゅう曲とはどのような地層か。「力」という語句
を使って，簡潔に書きなさい。

❷ 地表付近で発生した地震を，図1の地点X〜Zで記録した。表は，各地点のP波の到着時刻
をまとめたものである。ただし，地点X〜Zの地下の地盤の性質は同じであるとする。 思 20点

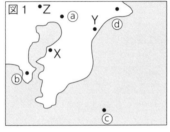

	P波の到着時刻
X	午後9時8分20秒
Y	午後9時8分20秒
Z	午後9時8分25秒

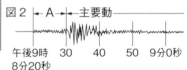

□(1) 図2は，地点Xでの地震計
の記録である。Aのゆれを
何というか。

□(2) 震源の真上の地表の位置を
何というか。

□(3) (2)の位置を，ⓐ〜ⓓから1
つ選びなさい。

□(4) 記述 (3)で答えた理由を簡潔に書きなさい。

❸ 図は，ある地震における震源距離とP波・S波が各地に届くまでに要した時間の関係を表し
たものである。 思 31点

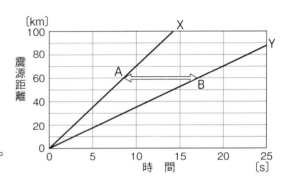

□(1) ABの時間は何を表しているか。

□(2) ABの時間は，震源距離が長くなるほど
どうなるか。⑦〜⑨から1つずつ選びな
さい。
　　⑦　長くなる。　　⑦　短くなる。
　　⑨　変わらない。

□(3) P波を表しているのは，X，Yのどちらか。

□(4) 計算 ①P波，②S波の伝わる速さは，そ
れぞれ何km/sか。

□(5) 計算 震源から140km離れている地点では，地震発生から何秒後に初期微動を感じるか。

❹ 図は，日本列島付近の地下のようすを表したもので，図中の(・)は，ある１年間に東北地方で起こったマグニチュード 3.0 以上の地震の震源を表している。思　　25 点

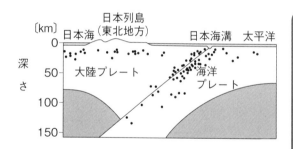

□(1) マグニチュードとは何を表すか。次の
⑦～⑰から１つ選びなさい。
　⑦　震源距離
　⑦　地震そのものの規模
　⑰　地震のゆれの大きさ

□(2) 図の震源の分布について，適当なもの
を，⑦～⑰から１つ選びなさい。
　⑦　プレート境界付近の震源は，日本海溝から日本海側に向かってしだいに深くなる。
　⑦　沈みこむ海洋プレートに沿って，震源が深さ 10～50 km のみに分布している。
　⑰　震源が深いほど，マグニチュードが大きい。

よく出る □(3) 過去にくり返しずれ動き，今後もずれ動いて地震を起こす可能性のある断層を何というか。

□(4) 地震にともなって，海底の変形が起こることで生じる可能性のある災害は何か。

□(5) 記述 震源が浅い地震は，マグニチュードが小さくても，地表が大きくゆれることがある。その理由を簡潔に書きなさい。

❶ 図は，ある火山の火山噴出物をA〜Dに分け，その分布を調べたものである。［思］　22点

A：ラグビーボールのような特徴的な形をした岩石

B：小さな穴がたくさんあいていて，軽い岩石

C：直径2mm以下の粒

D：直径2mm以上の粒

□(1) 火山噴出物のもとになる，地下の岩石の一部が高温のためにどろどろにとけたものは何か。

□(2) 火山弾はどれか。A〜Dから1つ選びなさい。

□(3) 火山ガスの主成分は何か。⑦〜⊆から1つ選びなさい。

　⑦　水素　　⑦　水蒸気　　⑦　硫化水素　　⊆　二酸化炭素

□(4) 記述 火山噴出物Bに見られる小さな穴はどのようにしてできたものか。簡潔に書きなさい。

点UP □(5) 火山噴出物Cが噴出したとき，風はどの方角からふいていたと考えられるか。⑦〜⊆から1つ選びなさい。

　⑦　東または北東　　⑦　東または南東　　⑦　西または北西　　⊆　西または南西

❷ 図は，それぞれ別の場所で採集した2種類の火山灰を観察し，スケッチしたものである。12点

□(1) 記述 火山によって，火山灰のようすがちがう理由を，簡潔に書きなさい。

□(2) 火山灰Aに火山灰Bよりもふくまれる割合が大きいと考えられる鉱物を，⑦〜⊛からすべて選びなさい。

火山灰A 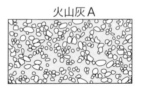　　火山灰B

　⑦　キ石　　⑦　チョウ石　　⑦　セキエイ　　⊆　カンラン石　　⊛　カクセン石

よく出る ❸ A〜Cは，いろいろな形の火山を模式的に表したものである。　13点

A 　　B 　　C

□(1) A〜Cを，火山をつくったマグマのねばりけが大きいものから順に並べなさい。

□(2) 爆発的な噴火になることがある火山を，A〜Cから1つ選びなさい。

□(3) Cのような形をした火山を，⑦〜⑦から1つ選びなさい。

　⑦　桜島　　⑦　マウナロア　　⑦　昭和新山

□(4) 噴出する溶岩の色がもっとも黒っぽい火山を，A〜Cから1つ選びなさい。

　成績評価の観点　技…観察・実験の技能　思…科学的な思考・判断・表現

❹ 図1は，2種類の火成岩のつくりを表したものである。また，図2は，ある火山の地下のようすを模式的に表したものである。思　　　　　　　　　　　　　　53点

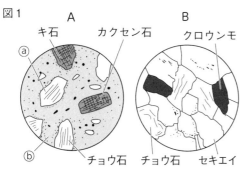

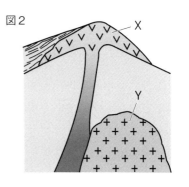

□(1)　火成岩A，Bのつくりをそれぞれ何というか。

□(2)　図1の鉱物のうち，白色・無色のものをすべて選びなさい。

□(3)　火成岩A，Bでは，どちらのほうが白っぽいか。記号で答えなさい。

□(4)　Aに見られる比較的大きな鉱物ⓐとⓐをとり囲んでいる部分ⓑをそれぞれ何というか。

□(5)　記述 AとBのでき方のちがいを簡潔に書きなさい。

□(6)　A，Bのようなつくりをした火成岩をそれぞれ何というか。

□(7)　安山岩のつくりを表しているのは，A，Bのどちらか。

□(8)　上昇してきたマグマを一時的にたくわえている場所を何というか。

□(9)　A，Bのような火成岩が見られるのは，それぞれX，Yのどちらか。

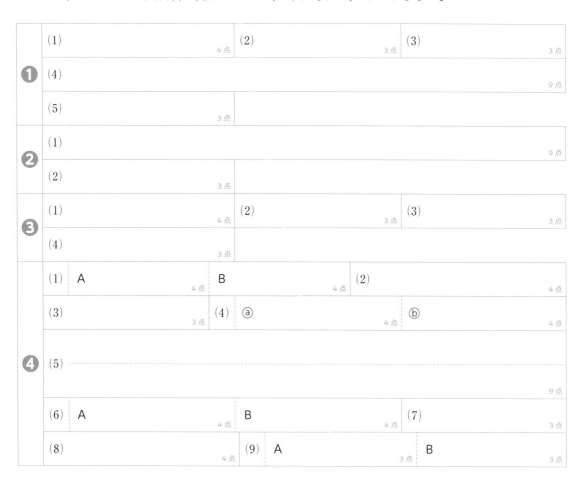

❶ 図は，海に流れこんだ土砂が海底に積もるようすを表している。　22点

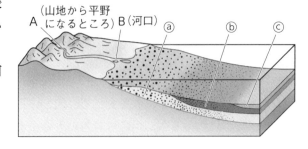
（山地から平野になるところ）A　B（河口）　ⓐ　ⓑ　ⓒ

□(1) 太陽の熱や水のはたらきで，岩石が表面などからくずれていく現象を何というか。

□(2) ①，②の流水のはたらきをそれぞれ何というか。

　① 土砂をけずりとる。

　② 土砂を積もらせる。

□(3) Aは山地から平野になるところ，Bは河口を表している。A，Bに見られる地形を，⑦〜⑨から1つずつ選びなさい。

　⑦ 扇状地　　⑦ 三角州　　⑨ V字谷

□(4) ⓐ〜ⓒを，積もっている粒が小さいものから順に並べなさい。

❷ 図は，ある露頭のようすを観察した結果を，模式的に表したものである。 思　26点

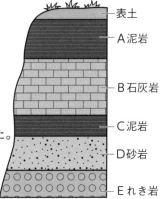
表土
A泥岩
B石灰岩
C泥岩
D砂岩
Eれき岩

□(1) もっとも古い時代に堆積したと考えられるのは，A〜Eのどの地層か。

□(2) 泥岩・砂岩・れき岩は，何によって区別されるか。

□(3) 地層C〜Eが堆積した当時，この付近の海の深さはどのように変化したと考えられるか。⑦〜⊆から1つ選びなさい。

　⑦ しだいに深くなった。　　⑦ しだいに浅くなった。

　⑨ 浅くなった後深くなった。　⊆ 深くなった後浅くなった。

 □(4) 記述 石灰岩とチャートは，いずれも生物の遺骸や水にとけていた成分が堆積したものである。石灰岩とチャートを区別する方法とその結果を2つ書きなさい。

❸ 図は，地層ができた時代の推測に役立つ化石である。　18点

 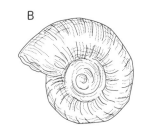
A　　B

□(1) このような化石を何というか。

□(2) 化石A，Bをふくむ地層が堆積したと考えられる地質年代を，⑦〜⑨からそれぞれ選びなさい。

　⑦ 古生代　　⑦ 中生代　　⑨ 新生代

□(3) 記述 (1)として適しているのは，どのような生物の化石か。「時代」という語句を使って簡潔に書きなさい。

④ 図1はある地域の地形を表したもので，図2は図1のA～Cのボーリング試料をもとに地層の重なりを示したものである。思

34点

図1

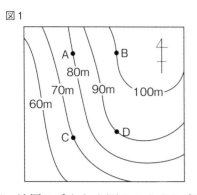

図2

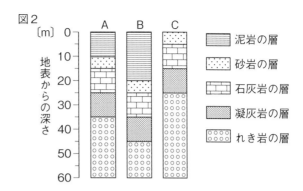

- 泥岩の層
- 砂岩の層
- 石灰岩の層
- 凝灰岩の層
- れき岩の層

図3

- □(1) 地層の重なりを図2のように表したものを何というか。
- □(2) 図2で岩石をつくる粒が角ばっている堆積岩を1つ選びなさい。
- □(3) 凝灰岩の層は，離れた地層を比べるときに役立つ。このような層を何というか。
- □(4) 記述 凝灰岩が離れた地層を比べるのに役立つのはなぜか。「火山灰」という語句を使って簡潔に書きなさい。
- 点UP □(5) この地域の地層は，一定の方向に傾いている。地層が低くなっている方角を，東・西・南・北から1つ選びなさい。
- 点UP □(6) 作図 D地点の地層の重なりを図3に表すとき，凝灰岩の層はどこにあるか。右の図の▭をぬりつぶしなさい。

❶	(1)	4点	(2) ①	4点	②	4点
	(3) A	3点	B	3点	(4)	4点
❷	(1)	3点	(2)	4点	(3)	3点
	(4) 1.					8点
	2.					8点
❸	(1)	4点	(2) A	3点	B	3点
	(3)					8点
❹	(1)	4点	(2)	3点	(3)	4点
	(4)					8点
	(5)	7点	(6) 図に記入	8点		

❶ /22点　❷ /26点　❸ /18点　❹ /34点

定期テスト予想問題

大地の成り立ちと変化

123

❶ 図1～4のように，鏡やガラスを使って，光の進み方を調べた。 35点

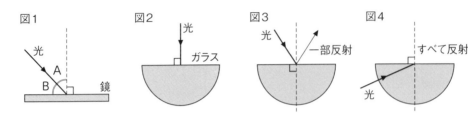

図1　図2　図3　図4

- □(1) **作図** 図1～4で，空気と鏡やガラスの境界面に進んだ光はどのように進むか。光の道すじを，それぞれの図中にかき入れなさい。**技**
- □(2) 図1で入射角を示しているのは，角A，角Bのどちらか。
- □(3) 異なる物質どうしの境界面で光が折れ曲がる現象を，光の何というか。
- □(4) 図4のように，光がガラスから空気へ進むとき，光の入射角がある角度より大きくなると，光は境界面ですべて反射する。この現象を何というか。

よく出る **❷** **作図** 凸レンズに，(1)～(3)の図のように光が当たったとき，光はどのように進むか。光の道すじを，それぞれ図中にかき入れなさい。**技** 15点

- □(1) 焦点を通る光

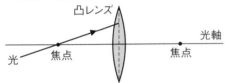

- □(2) 光軸（凸レンズの軸）に平行な光

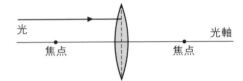

- □(3) 凸レンズの中心を通る光

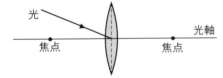

❸ 虫眼鏡は，凸レンズを1枚使った器具である。 10点

- □(1) 虫眼鏡を使うと，肉眼で直接見たときと上下・左右が同じ向きのはっきりした，観察物より大きな像を見ることができる。このときに見える像を何というか。
- □(2) 虫眼鏡で花を見たところ，はっきりした像が見えた。このとき，目（顔），凸レンズ（虫眼鏡），凸レンズの焦点，花の位置として適当なものを，ⓐ～ⓒから選びなさい。**思**

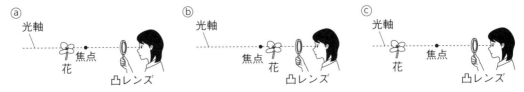

ⓐ　ⓑ　ⓒ

④ 図1のようなモノコードの PB 間の弦をはじき，オシロスコープを使って音の波形を調べたところ，図2のようになった。

23 点

□(1) [計算] 図2に記録された音が1回振動するのにかかった時間は何秒か。

□(2) [計算] 図2に記録された音の振動数は何 Hz か。

 □(3) モノコードのことじを B のほうに動かし，PB 間の長さを短くしてから，図2のときと同じ強さで PB 間の弦をはじいた。

① [記述] このときに出た音の大きさと高さは，図2のときと比べてどうなったか。簡潔に書きなさい。

② このときに出た音の波形を，ⓐ〜ⓓから選びなさい。

図1

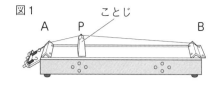
ことじ
A　P　B

図2

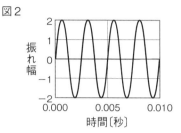

ⓐ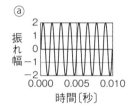
ⓑ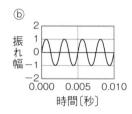
ⓒ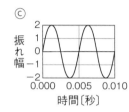
ⓓ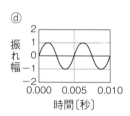

⑤ 雷が鳴りはじめたので，稲妻が光ってから雷の音が聞こえるまでの時間を測定したところ，7秒であった。ただし，音の伝わる速さは 340 m/s とする。

17 点

□(1) [計算] 雷が発生した場所は，観測した場所から何m離れているか。

□(2) [計算] 音が発生した場所から 1.7 km 離れた別の場所で，同じ稲妻が見えてから音が聞こえるまでにかかる時間は何秒か。

 □(3) [記述] 稲妻が光ってから音が聞こえるまでに時間がかかるのはなぜか。簡潔に書きなさい。

❶	(1)	図に記入　20点(各5点)		(2)	5点
	(3)	5点		(4)	5点
❷	(1) 図に記入　5点	(2) 図に記入　5点	(3) 図に記入　5点
❸	(1)	5点		(2)	5点
❹	(1)	5点		(2)	5点
	(3) ①	8点	②		5点
❺	(1)	5点		(2)	5点
	(3)				7点

① 作図 (1)〜(3)の力を表す矢印を, 点Oを作用点として, それぞれ図にかき入れなさい。 技 18点

☐(1) 床の上に置かれた球に
はたらく3Nの重力
(1Nを1cm)

☐(2) 手がばねを2.5Nの力
で押さえつけている力
(1Nを1cm)

☐(3) 天井が電灯に引かれ
ている20Nの力
(10Nを1cm)

② よく出る ばねにおもりをつり下げて力を加えて, ばねののびを調べた。表はその結果である。 33点

力の大きさ〔N〕	0	1.0	2.0	3.0	4.0
ばねののび〔cm〕	0	3.1	6.0	8.9	12.0

☐(1) 表に示した値は測定値であり, 真の値との間にはわずかに差
がある。この差を何というか。

☐(2) 作図 表をもとに, 加えた力の大きさとばねののびの関係を表
すグラフをかきなさい。技

☐(3) 記述 力の大きさとばねののびにはどのような関係があるか。
「ばねののびは」から書き出して, 簡潔に書きなさい。

☐(4) (3)の関係は何とよばれているか。

☐(5) 計算 このばねに6.0Nの力を加えたときのばねののびは, 何cmになるか。

☐(6) 計算 このばねを15cmのばすには, 何gのおもりをつるせばよいか。ただし, 100gの
物体にはたらく重力の大きさを1Nとする。

☐(7) (6)で答えた質量のおもりを, 上皿てんびんを用いて月面上ではかったとすると, 何gにな
るか。ただし, 月面上の重力は地球上の6分の1とする。思

③ よく出る 机の上に置いた物体を, 図のように机と平行な方向に2.5Nの力で手で押したが動かなかっ
た。図中の●は, このときに加えた力の作用点を表すものとする。 16点

☐(1) 作図 物体に手が加えた力を, 図に矢印でかき入れなさい。
ただし, 力の向きは右向きとし, 1Nを1cmとする。技

☐(2) 物体を押しても動かなかったのは, (1)の力とつり合う力が
机からはたらいているからである。この力を何というか。

☐(3) 作図 (2)の力を, 図に矢印でかき入れなさい。技

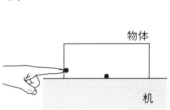

④ 図は，小球を水平面上に静止させたときのようすで，矢印は小球にはたらく重力を表している。

10点

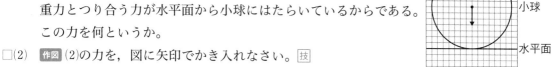

□(1) 重力がはたらいているのに，小球が水平面上で静止しているのは，重力とつり合う力が水平面から小球にはたらいているからである。この力を何というか。

□(2) [作図] (2)の力を，図に矢印でかき入れなさい。[技]

⑤ 図1～3は，物体にはたらく力を示している。また，いずれも物体に力がはたらいているが，物体は静止している。

23点

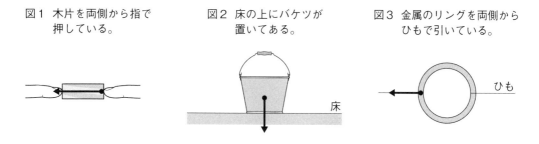

図1 木片を両側から指で押している。

図2 床の上にバケツが置いてある。

図3 金属のリングを両側からひもで引いている。

□(1) 図1～3に示された力の矢印のうち，物体どうしが離れていてもはたらいている力はどれか。①図1～3から選び，②その力の名前を書きなさい。

□(2) [作図] 図1～3に，矢印で示されている力とつり合っている力を，それぞれ図に矢印でかき入れなさい。[技]

❶	(1) 図に記入 6点		(2) 図に記入 6点		(3) 図に記入 6点

定期テスト予想問題　身のまわりの現象（光・音・力）

4④～⑦
れき・砂・泥などが堆積して地層ができる。固まってできた岩石を，それぞれれき岩，砂岩，泥岩という。

身のまわりの現象（光・音・力） の学習前に

1　①まっすぐ　②大きく（拡大して）　③明るく

3　①大きく　②大きく　③引き
　　④しりぞけ　⑤長い　⑥短い　⑦つり合う

1①～③
光はまっすぐに進む。また，光を集めると，集めた光が当たったところは明るく，あたたかく（熱く）なる。

3①～②
風やゴムの力で，ものを動かすことができる。

3③～④
磁石は鉄を引きつける。また，磁石にはN極とS極があり，磁石のちがう極どうしは引き合い，同じ極どうしはしりぞけ合う。磁石の力は離れていてもはたらく。

3⑤～⑦
棒をてことして使ったとき，棒を支える点を支点，力を加える点を力点，ものに力がはたらく点を作用点という。

いろいろな生物とその共通点

p.10　ぴたトレ1

1　①日かげ　②湿っている　③ルーペ
　　④野外　⑤太陽　⑥目　⑦観察　⑧自分

2　①目的　②天気　③影

考え方

1(5)，(6)ルーペは目に近づけて持つ。観察するものが動かせるときは，観察するものを前後に動かしてピントを合わせる。観察するものが動かせないときは，自分が近づいたり離れたりしてピントを合わせる。

2(1)スケッチは，目的とするものだけをかき，背景などはかかない。
(2)スケッチするときは，細い線と小さな点ではっきりとかき，線を二重がきしたり，影をつけたりしない。

p.11　ぴたトレ2

1　(1)エ　(2)目を痛めるので。　　(3)ア

2　(1)イ，ウ　(2)A
　(3)ア(→)エ(→)オ(→)ウ(→)イ

考え方

1(1)ルーペは，双眼実体顕微鏡や顕微鏡よりも拡大倍率は小さいが，小さくて持ち運びしやすい。
(2)ルーペには光を集めるはたらきがあるので，ルーペで太陽を見ると強い光が目に入り，目を痛めてしまう。
(3)ルーペは目に近づけて持ち，タンポポの花を前後に動かしてピントを合わせる。エは，ルーペを目に近づけて持っているが，ルーペとタンポポの花の距離が遠すぎる。

2(1)スケッチするときは，目的とするものだけを細い線と小さな点ではっきりとかく。
(2)線を二重がきしたり，影をつけたりしない。

p.12　ぴたトレ1

1　①×　②接眼レンズ　③視度調節リング
　　④対物レンズ　⑤ステージ　⑥接眼
　　⑦微動　⑧視度調節リング

2　①方法　②具体　③事実　④根拠

考え方

1(1)拡大倍率は，接眼レンズの倍率と対物レンズの倍率の積で表される。
(3)粗動ねじと微動ねじがついているタイプのものは，粗動ねじで大まかに調節してから，微動ねじで細かく調節する。

2(1)レポートは，目的→（仮説→）準備→方法→結果→考察の順に書く。
(2)「目的」は，何を知るためにこの観察・実験を行ったのかを具体的に書く。
(3)「結果」は図や表にまとめるとわかりやすい。事実だけを書き，自分の考えや感想は書かない。自分の考えや感想は「観察（探究）をふり返って」に書く。
(4)「考察」は，目的に沿って，根拠を明らかにして，結果から考えたことを書く。

p.13　ぴたトレ2

1　(1)双眼実体顕微鏡　(2)立体
　(3)A接眼レンズ　B対物レンズ　(4)C
　(5)ウ　(6)40倍

教科書ぴったりトレーニング

〈全教科書版・中学理科1年〉

この解答集は取り外してお使いください。

解答集

---

p.6〜9 ぴたトレ0

いろいろな生物とその共通点　の学習前に

1　①花粉　②実　③種子　④子葉　⑤根

2　①あし　②骨　③鼻　④肺　⑤酸素
　　⑥血液　⑦二酸化炭素　⑧子宮

考え方

1①〜③
アサガオのように，1つの花にめしべとおしべがあるものと，ヘチマのように，雌花にめしべ，雄花におしべがあるものがある。おしべが出した花粉は，昆虫や風などによって運ばれ，めしべの先につく（受粉する）と，めしべのふくらんだ部分が育って，やがて実になる。実の中には種子ができる。
一方，受粉しないと実はできず，かれてしまう。

2①
チョウのほかに，カブトムシやバッタ，トンボなども昆虫である。昆虫によって，食べ物やすみかなどがちがうが，昆虫の成虫は，頭，胸，腹からできている，などといった同じつくりを観察することができる。

2②
ヒトの体には骨や筋肉，関節などがあり，それらのはたらきによって体を支えたり，動かしたりしている。

2③〜⑦
ヒトは肺で呼吸をしている。肺は，空気中の酸素を血液中にとり入れ，血液中の二酸化炭素をとり出し，体外に出すはたらきをしている。

2⑧
メダカもヒトも，受精した卵（受精卵）が育って，子が生まれるが，メダカとちがって，ヒトの子は母親の体内の子宮で育ってから生まれてくる。

身のまわりの物質　の学習前に

1／2　①金属　②鉄　③重さ　④窒素
　　⑤酸素　⑥二酸化炭素

3　①水溶液　②ふえる　③ふえる　④蒸発
　　⑤ろ過

4　①沸騰　②水蒸気　③氷

考え方

1／2①〜②
金属のうち，鉄は磁石につく。紙やゴム，木，プラスチック，ガラスは電気を通さず，磁石にもつかない。

1／2④〜⑤
酸素には，ものを燃やすはたらきがある。窒素や二酸化炭素には，ものを燃やすはたらきはない。

3①〜③
ものが水にとける量は，水の量や温度，とかすものの種類によってちがう。

4①〜③
水は気体（水蒸気），液体（水），固体（氷）とすがたを変える。

大地の成り立ちと変化　の学習前に

1　①地層　②化石

2　①断層

3　①溶岩

4　①侵食　②運搬　③堆積　④地層
　　⑤れき岩　⑥砂岩　⑦泥岩

考え方

1①〜②
地層は流れる水のはたらきや火山の噴火によってできる。地層からは化石が見つかることがある。

2①，3①
地震や火山によって大地のようすが変化し，災害が生じることがある。

4①〜③
流れる水の量がふえると，地面をけずるはたらき（侵食）と土などを運ぶはたらき（運搬）は大きくなる。

② (1)イ(→)ウ(→)オ(→)ア(→)エ　(2)ウ

① (2)双眼実体顕微鏡は，プレパラートをつく
る必要がなく，観察物をそのまま立体的
に観察することができる。
(4)Cの粗動ねじ，Dの微動ねじの順に調節
する。
(5)Bの対物レンズを高倍率にすると，視野
がせまく暗くなる。
(7)拡大倍率＝接眼レンズの倍率×対物レン
ズの倍率より，10×4＝40(倍)

② (2)結果には事実だけを書く。

---

p.14　**ぴたトレ1**

1 ①やく　②花粉　③柱頭　④子房　⑤胚珠
⑥被子植物　⑦柱頭　⑧やく　⑨子房
⑩胚珠

2 ①受粉　②果実　③種子
④胚珠　⑤種子　⑥子房　⑦果実

1 (1), (2)花弁が1枚1枚離れている花を離弁
花，花弁がくっついている花を合弁花と
いう。
(3)おしべの先端にある小さな袋をやくとい
い，中に花粉が入っている。
(4), (5)めしべの先端を柱頭，根もとのふく
らんだ部分を子房という。子房の中には
胚珠とよばれる粒がある。
(6)胚珠が子房の中にある植物を被子植物と
いう。
(7)花はふつう外側から，がく，花弁，おしべ，
めしべの順についている。

2 (1)おしべのやくから出た花粉は，動物や風
などによってめしべに運ばれる。花粉が
めしべの柱頭につくことを受粉という。
(2), (3)受粉すると，めしべの根もとの子房
は成長して果実になり，子房の中の胚珠
は種子になる。

---

p.15　**ぴたトレ2**

◆ (1)Aがく　B花弁　Cおしべ　Dめしべ
(2)D(→)C(→)B(→)A　(3)ⓑ, ⓒ, ⓓ
(4)①合弁花　②離弁花
(5)①胚珠　②子房

◆ (1)やく　(2)ⓐ種子　ⓑ果実　(3)ⓐB　ⓑC
(4)花粉がめしべの柱頭につくこと。

---

1 (1)1つの花に，ふつうおしべは複数あるが，
めしべは1本である。
(2)花は，ふつうめしべを囲むようにおしべ，
花弁，がくの順についている。
(3)ⓐはがく，ⓑ・ⓒ・ⓓは花弁，ⓔ・ⓕは
おしべ，ⓖはめしべである。
(4)ツツジは，花弁がくっついて1つになっ
ている。このような花を合弁花という。
エンドウは5枚の花弁が1枚1枚離れて
いる。このような花を離弁花という。
(5)エンドウのめしべの子房(ⓘ)の中には胚
珠(ⓗ)が入っている。

2 (1)花粉は，おしべの先端のやくの中にある。
(2)果実(ⓑ)の中に種子(ⓐ)がある。
(3)受粉すると，子房(C)は果実(ⓑ)になり，
中の胚珠(B)は種子(ⓐ)になる。
(4)「花粉」という語句を使うので，「受粉す
ること。」では正解にならない。

---

p.16　**ぴたトレ1**

1 ①子房　②胚珠　③花粉のう　④花粉
⑤胚珠　⑥種子　⑦花粉のう　⑧花粉

2 ①胚珠　②裸子植物　③果実　④子房
⑤被子植物　⑥種子植物　⑦種子　⑧被子
⑨裸子

1 (1)りん片は漢字で「鱗片」と書き，「鱗」は「う
ろこ」とも読み，うろこのようなつくり
がたくさん重なっているようすから名づ
けられた。
(3)種子ができるほうが雌花，花粉が入って
いるほうが雄花である。マツの花粉には
空気袋がついていて，風で遠くまで移動
できる。

2 (1), (2)子房がなく，胚珠がむきだしになっ
ている植物を裸子植物という。花粉は，
直接胚珠について受粉し，種子ができる。
(4)被子植物と裸子植物は，胚珠が子房の中
にあるかどうかというちがいがあるが，
種子でふえるという共通点がある。この
ような植物のなかまを種子植物という。

---

p.17　**ぴたトレ2**

◆ (1)A雌花　B雄花　(2)ⓐ胚珠　ⓑ花粉のう
(3)①ⓑ　②ア

② (1)⑦ (2)種子植物

(3)胚珠が子房の中にあるかどうか。

(4)①裸子植物 ②被子植物

考え方

① (1)マツは，枝の先端のほうに新しい雌花（めばな）がつく。

(2)雌花（Ａ）のりん片には胚珠（めしべ）（ⓐ）があり，雄花（おばな）（Ｂ）のりん片には花粉のう（ⓑ）がある。

(3)①花粉は，花粉のう（ⓑ）の中にある。

②マツの花粉には空気の入った空気袋（くうきぶくろ）がついていて，風によって遠くまで移動することができる。

② (1)イチョウは裸子植物で，雌花と雄花には花弁（かべん）やがくがない。

(2)花を咲かせる植物は種子によってなかまをふやすので，種子植物とよばれる。

(3)「子房（しぼう）」「胚珠」の語句を両方使うこと。

(4)胚珠が子房の中にある植物を被子植物，胚珠（ひし）がむきだしになっている植物を裸子植物という。

p.18~19 ぴたトレ3

❶ (1)⑦，⑦ (2)⊕

❷ (1)ＡはＢと比べて日当たりがよく，土がかわいている。

(2)⑦

❸ (1)⑦ (2)両目で立体的に観察できる。

❹ (1)ⓖ (2)①ⓓ ②ⓒ ③受粉

(3)図１：離弁花 図２：合弁花

❺ (1)ⓕ (2)花粉のう (3)種子でふえる。

(4)⑦

考え方

❶(1)月の表面のようすは天体望遠鏡で観察する。

(2)ルーペは目に近づけて持つ。観察するものが動かせるときは，観察するものを前後に動かしてピントを合わせる。観察するものが動かせないときは，観察するものに自分が近づいたり離れたりしてピントを合わせる。

❷(1)「ＢはＡと比べてしめり気が多く，日当たりが悪い。」などでもよい。「何を何と比べる」のかがわかるように書く。

(2)対象とするものだけを，細い点や線を使って正確にかき，絵だけで表せないことは言葉で記録する。

❸(1)図では，２つの視野がずれているので，視野が重なるように接眼レンズ（鏡筒（きょうとう））を調節して観察する。

(2)「見え方」を説明するので，「プレパラートが不要である。」は適当ではない。また，プレパラートが不要なのは，ルーペも同じである。

❹(1)図１のⓐは花弁（かべん），ⓑはがく，ⓒはめしべ，ⓓはおしべである。図２のⓔはめしべ，ⓕはおしべ，ⓖはがく，ⓗは花弁である。

(2)おしべのやくの中にある花粉がめしべの柱頭（ちゅうとう）につくことを受粉という。

(3)タンポポは，花弁が１つにくっついている。

❺(1)，(2)図１のⓐは胚珠（はいしゅ），ⓑは花粉のうである。また，図２のⓒはめしべの柱頭，ⓓはおしべのやく，ⓔはめしべの子房（しぼう），ⓕは胚珠である。

(3)マツは裸子植物，アブラナは被子植物であるが，どちらも種子植物である。

(4)イネ，ツツジ，サクラは被子植物である。

p.20 ぴたトレ1

❶ ①単子葉類 ②双子葉類 ③葉脈

④主根 ⑤側根 ⑥ひげ根

❷ ①胞子のう ②胞子 ③ある ④ない ⑤葉

⑥茎 ⑦根 ⑧雌株 ⑨胞子のう ⑩雄株

考え方

❶(1)発芽するときに出てくる葉を子葉（しよう）という。子葉が１枚（まい）のなかまを単子葉類，子葉が２枚のなかまを双子葉類（そうしようるい）という。

(3)根の先端近くに生えている小さな毛のようなものを根毛（こんもう）という。根毛は土の粒（つぶ）の間に入りこんでいる。

(4)双子葉類に見られる，網（あみ）の目状に広がる葉脈を網状脈（もうじょうみゃく）といい，１本の太い根を主根，そこから枝分かれした細い根を側根（そっこん）という。単子葉類に見られる，平行に並んでいる葉脈を平行脈（へいこうみゃく）といい，たくさんの細い根をひげ根（ね）という。

❷(1)種子をつくらない植物には，シダ植物とコケ植物がある。種子をつくらない植物は，胞子のう（ほうし）という袋（ふくろ）でつくられた胞子でふえる。

(2)シダ植物には葉，茎（くき），根の区別があるが，コケ植物には葉，茎，根の区別がない。

(3)シダ植物の茎は地中にあるものが多い。
　このような茎を地下茎という。ゼニゴケ
　やスギゴケには雌株と雄株があり，雌株
　の胞子のうに胞子ができる。

1 (1)ひげ根

(2)ⓐ主根　ⓑ側根

(3)A 1枚　B 2枚

(4)A単子葉類　B双子葉類

(5)網状脈

(6)B

(7)右図

2 (1)⑦　(2)胞子のう　(3)胞子　(4)シダ植物

(5)イヌワラビには葉，茎，根の区別があるが，
　ゼニゴケには葉，茎，根の区別がない。

考え方

1 (1)，(2)下図参照。

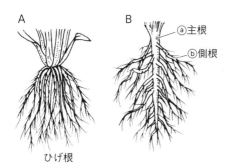

A　　　　　B
ⓐ主根
ⓑ側根

ひげ根

(3)，(4)子葉が1枚の単子葉類の根はひげ根，
　子葉が2枚の双子葉類の根は主根と側根
　からなる。

(5)，(6)網の目状に広がる葉脈を網状脈とい
　う。網状脈が見られるのは双子葉類であ
　る。

(7)ツユクサは単子葉類なので，葉脈は平行
　に並んでいる（平行脈）。

2 (1)シダ植物の茎は地中にあるものが多い。
　このような茎を地下茎という。

(2)イヌワラビの胞子のうは，葉の裏に多数
　見られる。

(3)胞子のうの中には，胞子が入っている。
　胞子が熟すと，胞子のうがはじけて胞子
　が飛び出す。

(4)スギナやノキシノブ，ヘゴなどもシダ植
　物である。

(5)イヌワラビとゼニゴケの両方について説
　明する。

1 ①種子植物　②子房　③子葉　④種子

⑤被子　⑥裸子　⑦双子葉　⑧単子葉

⑨合弁花　⑩離弁花

考え方

1 (1)植物は，種子植物と種子をつくらない植
　物（シダ植物，コケ植物）に分類できる。

(2)種子植物は，胚珠が子房の中にある被子
　植物と，子房がなく胚珠がむきだしの裸
　子植物に分けられる。

(3)被子植物は，子葉，葉脈，根のつくりに
　よって，下表のように双子葉類と単子葉
　類に分けられる。

	双子葉類	単子葉類
子葉の数	2枚	1枚
葉脈	網状脈	平行脈
根	主根と側根	ひげ根

(4)双子葉類は，花弁が1つにくっついてい
　る合弁花類と，花弁が1枚1枚離れてい
　る離弁花類に分けられる。

(5)下図参照。

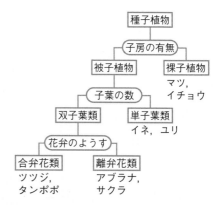

種子植物
└子房の有無
　├被子植物
　│└子葉の数
　│　├双子葉類
　│　│└花弁のようす
　│　│　├合弁花類
　│　│　│ツツジ，
　│　│　│タンポポ
　│　│　└離弁花類
　│　│　　アブラナ，
　│　│　　サクラ
　│　└単子葉類
　│　　イネ，ユリ
　└裸子植物
　　マツ，
　　イチョウ

1 (1)胞子

(2)A-2 被子植物　B-2 コケ植物
　A-2-1 単子葉類

(3)A-1 ⓔ　B-1 ⓒ

(4)ⓐ網状脈　ⓑ平行脈

(5)ⓑ　(6)ⓒ　(7)ひげ根

(8)花弁が1つにくっついているか，1枚1枚
　離れているか。

考え方

①(1)種子をつくらない植物にはシダ植物とコケ植物があり，どちらも胞子のうでつくられた胞子でふえる。

(2)Aは種子植物で，A−1は裸子植物，A−2は被子植物，A−2−1は単子葉類，A−2−2は双子葉類である。また，B−1はシダ植物，B−2はコケ植物である。

(3)ユリは単子葉類（A−2−1），サクラは双子葉類（A−2−2），ゼニゴケはコケ植物（B−2）である。

(4)〜(7)下図参照。

単子葉類は，葉脈が平行に並んだ平行脈をもち，たくさんの細い根からなるひげ根が広がっている。

双子葉類は，葉脈が網の目のように広がった網状脈をもち，太い根（主根）を中心に，それから枝分かれした細い根（側根）が広がっている。

	単子葉類	双子葉類
葉	平行脈	網状脈
根	ひげ根	主根と側根

(8)「合弁花類」「離弁花類」という言葉を使わなくてもよい。

p.24〜25　　　　　ぴたトレ**3**

①(1)A 網状脈　B 平行脈

(2)ひげ根

(3)B

(4)右図

(5)根毛

(6)被子植物

(7)胚珠が子房の中にある。

②(1)ⓒ　(2)イ　(3)胞子

③(1)A イ　B ア

(2)C 花弁が１つにくっついているか，１枚１枚離れているか。

D 葉，茎，根の区別があるか，ないか。

---

(3)①ウ　②エ　③イ　④ア　⑤カ　⑥オ

　　⑦ク　⑧キ

考え方

①(1)Aの葉脈は網の目のように広がっているので網状脈，Bの葉脈は平行に並んでいるので平行脈である。

(2)ⓐには太い根がなく，たくさんの細い根が広がっているので，ひげ根をスケッチしたものである。

(3)Aは双子葉類，Bは単子葉類である。ひげ根をもつのは単子葉類である。

(4)双子葉類の根は，主根とよばれる太い根と，そこから枝分かれした側根とよばれる細い根からなる。

(5)根の先端付近に生えているたくさんの毛のようなものを，根毛という。

(6)双子葉類と単子葉類は，どちらも子房の中に胚珠がある被子植物である。

(7)子房があることが書かれていればよい。

②(1)，(2)イヌワラビの茎は土の中にある。スギゴケの根のように見える部分は仮根とよばれ，水を吸収するはたらきはなく，体を固定する役目をしている。コケ植物は体全体から水を吸収している。

(3)イヌワラビもスギゴケも，胞子のうでつくられた胞子でふえる。

③(1)マツは胚珠がむきだしの裸子植物（②）なので，①は胚珠が子房の中にある被子植物で，Aは「子房があるか，ないか」になる。トウモロコシは子葉が１枚の単子葉類（④）なので，③は子葉が２枚の双子葉類で，Bは「子葉の数が１枚か，２枚か」になる。

(2)Cツツジは花弁が１つにくっついた合弁花類（⑤），アブラナは花弁が１枚１枚離れた離弁花類（⑥）である。

Dスギナは葉，茎，根の区別があるシダ植物（⑦），ゼニゴケは葉，茎，根の区別がないコケ植物（⑧）である。

p.26　　　　　ぴたトレ**1**

1　①肉食動物　②草食動物　③犬歯　④臼歯

　　⑤門歯　⑥正面　⑦横　⑧肉食　⑨草食

　　⑩犬歯　⑪臼歯　⑫臼歯　⑬門歯

2　①骨格　②脊椎（セキツイ）動物　③筋肉

考え方

1 (2)肉食動物は，大きくてするどい犬歯で獲物をとらえ，臼歯で皮膚や肉をさいて骨をくだいている。

(3)草食動物は，門歯で草を切り，臼歯で草をすりつぶしている。

(4)両方の目で見える部分が立体的に見える範囲である。立体的に見えると，獲物までの距離をはかることができる。

(5)肉食動物と草食動物の特徴は，下表のようにまとめられる。

	肉食動物	草食動物
発達している歯	犬歯	門歯，臼歯
目のつき方	前向き	横向き
あし	かぎ爪	ひづめ

2 (1)骨格は，体を支える構造で，骨などがたがいに組み合わさっている。

(2)脊椎動物の「脊椎」とは，背骨のことである。

(3)背骨はたくさんの小さな骨からできていて，そのまわりの筋肉によって大きく動かすことができる。

p.27 ぴたトレ2

1 (1)肉食動物　(2)B

(3)ⓐ門歯　ⓑ犬歯　ⓒ臼歯

(4)ⓐⓓ　ⓑⓔ　ⓒⓕ

(5)①ⓔ　②ⓕ　③ⓐ　④ⓒ

(6)B

(7)立体的に見える範囲が広く，獲物までの距離をはかってとらえることができる点。

2 (1)背骨をもつ。（背骨がある。）

(2)脊椎(セキツイ)動物　(3)ⓘ

考え方

1 (2)肉食動物の犬歯は，大きくするどい。

(3)シマウマのような草食動物（A）は，門歯（ⓐ），臼歯（ⓒ）が発達している。

(4)ⓓは門歯，ⓔは犬歯，ⓕは臼歯である。

(5)①肉食動物（B）の犬歯（ⓔ）は大きくてするどく，獲物をとらえるのに適している。

②肉食動物の臼歯（ⓕ）はとがっていて，獲物の皮膚や肉をさいて骨をくだくのに適している。

③草食動物（A）の門歯（ⓐ）はするどく，草をかみ切るのに適している。

④草食動物の臼歯（ⓒ）は大きく平らで，草をすりつぶすのに適している。

(6)肉食動物の目は前向き，草食動物の目は横向きについている。

2 (1)，(2)脊椎動物は，背骨を中心とした骨格をもっている。

(3)スルメイカの体は筋肉でできていて，骨格をもたない。

p.28 ぴたトレ1

1 ①あし　②翼　③えら　④肺　⑤えら　⑥肺
⑦卵生　⑧子宮(体)　⑨胎生
⑩・⑪はは虫(ハチュウ)類・鳥類　⑫水中
⑬陸上　⑭陸上　⑮うろこ　⑯えら　⑰肺
⑱肺　⑲肺　⑳ある(かたい)　㉑子宮(体)

考え方

1 (1)水中で生活するものの多くは，魚のようにひれがあり，泳いで移動する。陸上で生活するものの多くはあしで体を支えて移動するが，ヘビのようにあしがないものもいる。鳥には翼があり，多くは空を飛んで移動するが，ペンギンのように飛べない鳥もいる。

(4)カエルは，子(幼生)のころは水中で生活するのでえらや皮膚で呼吸するが，親(成体)になると陸上で生活するため，肺や皮膚で呼吸する。

(5)卵生の動物のうち，メダカやサンショウウオは水中に殻のない卵を産む。カナヘビやペンギンなどは陸上に殻のある卵を産む。

(6)ネコやウサギの子は，母親の子宮内である程度成長してから生まれる。このようななかまのふやし方を胎生という。胎生の動物は，子が生まれた後は母親が乳を与えて子を育てる。

(7)脊椎動物は，魚類，両生類，は虫類，鳥類，哺乳類の5つに分けられる。

(8)水中で生活するものの多くはえらで呼吸する。陸上で生活するものの多くは，肺で呼吸する。

水中で卵を産む魚類と両生類の卵には殻がないので，水中でないと育たない。陸上で卵を産むは虫類と鳥類の卵には殻があるので，乾燥にたえることができる。

p.29 ぴたトレ**2**

1 (1)①B ②A，C，D ③E (2)E
(3)子はえら（や皮膚）で呼吸し，親は肺（や皮膚）で呼吸する。
(4)①ひれ ②あし ③えら ④肺
(5)①名前：卵生 記号：A，B，D，E
②名前：胎生 記号：C
(6)A鳥類 B魚類 C哺乳（ホニュウ）類
Dは虫（ハチュウ）類 E両生類

考え方

1 (1)フナ（B）は一生水中で生活し，ハト（A），ウサギ（C），カナヘビ（D）は一生陸上で生活する。イモリ（E）は，子（幼生）は水中，親（成体）は陸上で生活する。
(2)イモリ（E）は，子のときは水中で生活するのでえらや皮膚で呼吸し，親になると陸上で生活するので肺や皮膚で呼吸する。
(3)子のときと親のときの呼吸のしかたをそれぞれ説明する。
(4)水中で生活する動物の多くは，ひれを使って泳ぎ，えらで呼吸する。陸上で生活する動物の多くは，あしで移動し，肺で呼吸する。
(5)，(6)魚類（B），両生類（E），は虫類（D），鳥類（A）は卵生で，魚類と両生類は水中に殻のない卵を産み，は虫類と鳥類は陸上に殻のある卵を産む。哺乳類（C）は胎生である。

p.30 ぴたトレ**1**

1 ①外骨格 ②節足動物 ③昆虫類 ④空気
⑤甲殻類 ⑥頭部 ⑦胸部 ⑧腹部
⑨頭胸部 ⑩腹部 ⑪外とう膜 ⑫軟体動物
2 ①節足動物 ②軟体動物
③哺乳（ホニュウ）類 ④魚類 ⑤両生類
⑥・⑦は虫（ハチュウ）類・鳥類

考え方

1 (1)外骨格には節があり，内部についている筋肉によって体やあしを動かすことができる。
(3)昆虫類は，体が頭部・胸部・腹部の3つに分かれ，胸部に3対のあしがある。
(4)甲殻類には，体が頭胸部と腹部の2つに分かれているものと，頭部・胸部・腹部の3つに分かれているものがいる。

(5)トノサマバッタのような昆虫類の胸部や腹部には気門があり，ここから空気をとり入れて呼吸している。
(7)軟体動物の多くは水中で生活し，えらで呼吸するが，マイマイのように陸上で生活し，肺で呼吸するものもいる。
2 (1)無脊椎動物には，節足動物，軟体動物以外に，ミミズのなかま，ヒトデやウニのなかま，クラゲやイソギンチャクのなかまなどがいる。
(2)，(3)哺乳類以外の脊椎動物は卵生である。

p.31 ぴたトレ**2**

1 (1)背骨をもたない。（背骨がない。）
(2)A，B，D (3)節足動物
(4)外骨格 (5)C (6)軟体動物
2 (1)A脊椎（セキツイ）動物
B無脊椎（無セキツイ）動物
(2)①ｆ ②ｄ ③ａ

考え方

1 (2)，(3)チョウ（A），エビ（B），ムカデ（D）は，節足動物である。
(4)節足動物の体の外側をおおう殻のようなものを外骨格という。
(5)，(6)マイマイ（C）は，内臓が外とう膜におおわれている軟体動物である。
2 ⓐ魚類，ⓑ両生類，ⓒは虫類，ⓓ鳥類，ⓔ哺乳類，ⓕ節足動物，ⓖ軟体動物である。
(2)①クワガタは無脊椎動物で，節足動物の昆虫類。
②スズメは，脊椎動物の鳥類。
③メダカは，脊椎動物の魚類。

p.32～33 ぴたトレ**3**

1 (1)①E ②C (2)①A，D ②C，E ③B
(3)胎生 (4)体温が下がりにくい。
2 (1)無脊椎動物 (2)A，B，D (3)外骨格
(4)B (5)①B ②A，D ③C
(6)軟体動物は水中で生活するものが多いから。
3 (1)①節 ②外とう膜
(2)Cⓘ Dⓔ Eⓐ
(3)A背骨があるか，ないか。
B卵生か，胎生か。

❶ニワトリ（A）は鳥類，イヌ（B）は哺乳類，マグロ（C）は魚類，カメ（D）はは虫類，カエル（E）は両生類である。

(1)①両生類の特徴，②魚類の特徴である。

(2)①鳥類とは虫類は，陸上に殻のある卵を産む。

②魚類と両生類は，水中に殻のない卵を産む。

③哺乳類は，母親の子宮内である程度成長した子を産む。

(4)鳥類や哺乳類は，体表が羽毛や毛でおおわれていること以外にも，さまざまな体のしくみによって，周囲の温度が変化しても体温をほぼ一定に保つことができる。

❷(1)脊椎動物よりもはるかに多くの種類の無脊椎動物がいる。

(2)，(3)カニ（A），ハチ（B），ダンゴムシ（D）は，体が外骨格でおおわれた節足動物である。

(4)胸部や腹部に気門があるのは，昆虫類（B）の特徴である。

(6)マイマイのように，陸上で生活し，肺で呼吸する軟体動物もいる。

❸(1)①節足動物の体は外骨格でおおわれ，体やあしは多くの節に分かれている。

②軟体動物のあしは筋肉でできていて，内臓は外とう膜でおおわれている。

(2)C鳥類とは虫類は陸上に殻のある卵を産み，両生類と魚類は水中に殻のない卵を産む。

D鳥類の体表は羽毛でおおわれ，は虫類の体表はうろこでおおわれている。

E両生類は子と親で呼吸のしかたが変わるが，魚類は一生えらで呼吸する。

(3)A脊椎動物は背骨をもつが，無脊椎動物は背骨をもたない。

B哺乳類は胎生であるが，鳥類，は虫類，両生類，魚類は卵生である。

身のまわりの物質

p.34 ぴたトレ1

1　①ガス　②ガス　③ガス　④空気　⑤青

⑥空気　⑦ガス　⑧ゆるめる　⑨しめる

2　①物体　②物質　③有機物　④水素

⑤無機物　⑥非金属　⑦電気　⑧熱

---

1 (1)はじめは，ガス調節ねじ，空気調節ねじの両方が軽く閉まっている状態にしておく。元栓とコックを開け，ガス調節ねじをゆるめてガスに火をつける。

(2)まず，ガス調節ねじでガスの量を調節して炎の大きさを10cmぐらいにし，次に空気調節ねじで空気の量を調節して，青い炎にする。

2 (2)，(3)有機物は，燃えると二酸化炭素を発生するが，無機物は，燃えても二酸化炭素を発生しない。

(5)金属共通の性質（電気伝導性，熱伝導性，金属光沢，展性・延性）が1つあてはまるだけでは金属であるとはいえない。

p.35 ぴたトレ2

❶ (1)A空気調節ねじ　Bガス調節ねじ　(2)④

(3)ⓒ

❷ (1)B，C，F　(2)①二酸化炭素　②水

(3)有機物　(4)①A，E　②金属

❶ (1)，(2)元栓を開く前にガス調節ねじや空気調節ねじが開いていると，元栓を開けたとたんにガスが出てくる危険性がある。

(3)空気の量が不足しているときは，炎はオレンジ色になる。空気の量を調節して青い炎にする。空気を入れすぎて火が消えてしまったら，すぐに元栓とコックを閉める。

❷ (1)～(3)有機物は炭素をふくむため，燃えると炭になる。有機物が燃えると，二酸化炭素が発生する。有機物の多くが水素もふくんでいるため，水も発生する。石灰水は二酸化炭素にふれると白くにごる。有機物以外の物質を無機物という。無機物は燃えても二酸化炭素を発生しない。

(4)金属には，電気伝導性（電気をよく通す），熱伝導性（熱をよく伝える），金属光沢をもつ，展性・延性がある（たたいて広げたり，引きのばしたりできる），といった共通の性質がある。ガラス，プラスチック，木，ゴムなどは非金属である。

1 ①質量　②密度　③g/cm³　④質量
　　⑤体積　⑥1.00　⑦0.789　⑧小さい
　　⑨大きい

2 ①水平　②0.00 g (0.0 g)　③低い　④$\dfrac{1}{10}$

考え方

1(1)中学校からは，「重さ」と「質量」という語
　　句を区別して使用する。質量は，電子て
　　んびんなどではかることができる，物質
　　そのものの量である。
　(2)～(5)体積が異なる物質を区別するときに
　　は，密度を比べる。密度は物質の種類に
　　よって値が決まっているので，物質を区
　　別する手段の1つとなる。
　(6)物質が液体に浮くか沈むかは，その物質
　　の密度が液体の密度より大きいか，小さ
　　いかで決まる。この浮き沈みによっても，
　　物質を区別することができる。

2(3)目盛りを読みとるときには，最小目盛り
　　の10分の1まで読みとる。この読みとっ
　　た値は，測定で得た意味のある数字とい
　　うことができ，これを有効数字という。

❶ (1)79 g　(2)540 g　(3)300 cm³
　　(4)8.96 g/cm³　(5)銅　(6)沈む　(7)大きい
❷ (1)⑦10.5　⑦90.3　(2)B
❸ (1)メスシリンダー　(2)ⓑ　(3)8.0 cm³
　　(4)2.7 g/cm³

考え方

❶ 物質の密度〔g/cm³〕＝$\dfrac{物質の質量〔g〕}{物質の体積〔cm³〕}$

　　だから，
　　物質の質量〔g〕＝
　　物質の密度〔g/cm³〕×物質の体積〔cm³〕
　　で計算できる。
　　(1)0.79 g/cm³ × 100 cm³ = 79 g
　　(2)2.70 g/cm³ × 200 cm³ = 540 g
　　(3)2361 g ÷ 7.87 g/cm³ = 300 cm³
　　(4), (5)448 g ÷ 50.0 cm³ = 8.96 g/cm³
　　　表より，密度が8.96 g/cm³の物質は，銅
　　　であることがわかる。
　　(6)アルミニウムの密度は2.70 g/cm³，エ
　　　タノールの密度は0.79 g/cm³で，アル
　　　ミニウムのほうがエタノールより密度が
　　　大きいので，アルミニウムはエタノール
　　　に沈む。

(7)物質が液体に浮かぶのは，物質の密度が
　　液体の密度より小さいときである。した
　　がって，鉄は水銀より密度が小さい，す
　　なわち，水銀は鉄より密度が大きいとい
　　える。

❷(1)⑦67.2 g ÷ 6.4 cm³ = 10.5 g/cm³
　　⑦10.5 g/cm³ × 8.6 cm³ = 90.3 g
　(2)Bの密度は，A・Cと異なるので，B
　　だけ異なる物質であるといえる。

❸(1), (2)メスシリンダーの目盛りは，真横か
　　ら水平に読みとる。
　(3)メスシリンダーの目盛りを読みとると，
　　58.0 cm³である。金属Xの体積は，あら
　　かじめ入っていた水の体積50.0 cm³と
　　の差であるから，
　　58.0 cm³ − 50.0 cm³ = 8.0 cm³
　(4)21.6 g ÷ 8.0 cm³ = 2.7 g/cm³

❶ (1)①石灰水　②石灰水が白くにごれば二酸化
　　炭素が発生したといえる。
　　(2)B，D　(3)電気を通すから。　(4)有機物
　　(5)無機物　(6)A
❷ (1)① B　②ⓒ　(2)E　(3)B　(4)2.70　(5)D
　　(6)沈む
　　(7)氷のほうが物質Bより密度が大きいから。
❸ (1)物体　(2)物質　(3)① A，C，E　②C
　　(4)⑦，⑨　(5)非金属　(6)A，C，E

考え方

❶(1)二酸化炭素の確認には，石灰水を使う。
　　石灰水は水酸化カルシウムの水溶液であ
　　り，二酸化炭素と反応すると炭酸カルシ
　　ウムができる。炭酸カルシウムは水にと
　　けにくいため，白くにごる。
　(2), (3)金属には，電気をよく通す，特有の
　　金属光沢がある，といった共通の性質が
　　ある。実験では電気を通すかどうかしか
　　調べていないので，これだけで金属であ
　　るとは決められないが，A～Eのうち，
　　2つは金属であることがわかっており，
　　B・D以外は電気を通さないので，B・
　　Dが金属であるとわかる。
　(4), (5)A・Eは，実験4より，燃えると二
　　酸化炭素が発生する物質であるから，有
　　機物である。有機物以外の物質を無機物
　　という。

(6)砂糖は有機物であり，水によくとける。この性質にあてはまるのは，実験1，4の結果より，Aであるとわかる。

❷(1)目盛りは，液面のもっとも低い位置を真横から水平に見て，最小目盛り（1目盛り）の10分の1まで目分量で読みとる。

(2)同じ体積で比べた場合，密度が大きい物質ほど質量が大きくなり，密度が小さい物質ほど質量が小さくなる。

(3)同じ質量で比べた場合，密度が大きいほど体積が小さくなり，密度が小さいほど体積が大きくなる。

(4)67.5 g ÷ 25.0 cm³ = 2.70 g/cm³

(5)密度は物質の種類によって値が決まっているので，密度がAと同じ値であるDが同じ物質であるといえる。

(6)，(7)密度0.79 g/cm³の液体である物質Bに，密度0.917 g/cm³の氷を入れると，氷のほうが密度が大きいので沈む。

❸(1)，(2)例えば，コップという「物体」は，ガラスやプラスチックなどの「物質」からできている。

(3)金属は電気を通し，金属のうち鉄は磁石に引きつけられる。

(4)～(6)金属には，熱をよく伝える（熱伝導性），みがくと特有の光沢が出る（金属光沢），たたいて広げたり（展性），引きのばしたり（延性）することができる，といった共通の性質がある。ガラス，プラスチック，木，ゴムなどは，非金属である。

---

p.40 ぴたトレ1

1 ①色　②白　③とけにくい　④とけやすい
   ⑤小さい　⑥大きい　⑦水上　⑧上方
   ⑨下方

2 ①水上　②過酸化水素水　③燃やす　④ない
   ⑤にくい　⑥下方　⑦石灰石(卵の殻，貝殻)
   ⑧石灰水　⑨ない　⑩酸　⑪酸素
   ⑫二酸化炭素

考え方

1 (3)気体を集めるときは，それぞれの気体の性質にあった集め方を選ぶ。水にとけにくい気体は水上置換法，水にとけやすく空気より密度が小さい気体は上方置換法，水にとけやすく空気より密度が大きい気体は下方置換法を用いる。

---

❷(1)酸素は，二酸化マンガンにうすい過酸化水素水（オキシドール）を加えると発生する。水にとけにくいので，水上置換法を用いて集める。

(3)二酸化炭素は，石灰石にうすい塩酸を加えると発生する。空気より密度が大きいので下方置換法を用いて集める。また，水に少しとけるだけなので，水上置換法を用いる場合もある。

---

p.41 ぴたトレ2

1 (1)A上方置換法　B下方置換法
   C水上置換法
   (2)①B　②A　③C　(3)B，C

2 (1)うすい過酸化水素水(オキシドール)
   (2)エ

3 (1)二酸化炭素　(2)白くにごる。　(3)⑦，⑦

考え方

1 (1)，(2)気体の集め方を選ぶには，まず，水へのとけやすさを考えて，水にとけにくい気体は水上置換法を用いる。水にとけやすい気体は，空気と密度を比べ，空気より密度が小さい気体は上方置換法，空気より密度が大きい気体は下方置換法を用いる。

(3)二酸化炭素は空気より密度が大きく，水に少しだけとける。下方置換法で集めるか，水に少しとけるだけなので，水上置換法で集めることもできる。

2 (1)二酸化マンガンにうすい過酸化水素水（オキシドール）を加えると，酸素が発生する。

(2)酸素には，ほかの物質を燃やすはたらきがある。酸素みずからが燃えているわけではない点に注意する。

3 (1)，(2)石灰石（炭酸カルシウム）にうすい塩酸を加えると，二酸化炭素が発生する。二酸化炭素には，石灰水を白くにごらせるはたらきがある。

(3)二酸化炭素は水に少しとけ，炭酸水となる。炭酸水は弱い酸性を示す。また，二酸化炭素は空気より密度が大きい。

1 ①塩化アンモニウム　②青色　③とけやすい
④アルカリ　⑤刺激　⑥赤　⑦塩酸　⑧水
⑨密度　⑩ない　⑪とけにくい

2 ①空気　②ない　③酸素　④窒素　⑤刺激
⑥酸　⑦刺激

考え方

1(1)アンモニアは，アンモニア水を加熱する，塩化アンモニウムと水酸化カルシウムの混合物を加熱する，などで発生する。

(2), (3)アンモニアは水に非常にとけやすく，水溶液はアルカリ性を示し，フェノールフタレイン(溶)液を赤色に変える。アンモニアは肥料の原料などとして用いられる。

(4)水素は，亜鉛や鉄などの金属にうすい塩酸を加えると発生する。

(5)水素は非常に軽い気体で，ロケットや燃料電池自動車の燃料などとして用いられている。

2(1), (2)窒素は，空気中に体積で約78％ふくまれている。ふつうの温度ではほかの物質と結びつかず，変化しにくいので，食品が変質するのを防ぐのに利用されている。

1 (1)ウ　(2)ア　(3)①水　②割れる

2 (1)水素　(2)水にとけにくい。　(3)イ

3 (1)窒素　(2)塩素　(3)塩化水素

考え方

1(1)塩化アンモニウムと水酸化カルシウムの混合物を加熱すると，アンモニアが発生する。

(2)アンモニアは水によくとけ，その水溶液(アンモニア水)はアルカリ性を示すので，赤色リトマス紙を青色に変える。

(3)発生した液体(この実験では水)が試験管の加熱部に流れると，試験管が割れることがあるので，試験管の底を口よりも少し高くしておく。

2(1)亜鉛にうすい塩酸を加えると，水素が発生する。

(2)水素は水にとけにくいので，水上置換法で集めることが多い。

(3)水素に空気中で火をつけると，音を立てて燃え，水ができる。

3(1)窒素は空気中にもっとも多くふくまれる気体である。ふつうの温度では，ほかの物質と結びつかず，変化しにくい。

(2)塩素には殺菌作用があるため，プールの水の消毒などに使われる。

(3)塩化水素の水溶液が塩酸である。

1 (1)

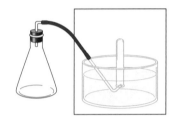

(2)(はじめに出てくる気体は)空気を多くふくんでいるから。

(3)水にとけやすい性質(をもつ)。

2 (1)イ, ウ　(2)イ　(3)エ

3 (1)Aうすい過酸化水素水(オキシドール)
　　Ｂ二酸化マンガン

(2)ア

(3)Aうすい塩酸　Ｂ石灰石(卵の殻，貝殻)

(4)石灰水に通す(ふれさせる)。

4 (1)塩化アンモニウム

(2)アンモニアは水によくとけるから。

(3)ア　(4)イ　(5)アルカリ性

考え方

1(1)水を満たした状態の試験管に，Ｌ字ガラス管の先端を入れ，試験管を逆さにして気体を集める。

(2)はじめに出てくる気体は，装置の中にあった空気を多くふくむので使わない。

(3)水にとけやすい気体は，水上置換法では集めることができないため，密度の大きさに応じて，上方置換法または下方置換法を用いる。

2(1)水素は，亜鉛や鉄などの金属にうすい塩酸を加えて発生させる。

(2)水素は非常に軽い気体で，物質の中でもっとも密度が小さい。

(3)水素は，みずからが燃えて水を生じるが，酸素のようにほかの物質を燃やすはたらきはない。

❸(1),（2）粒状の二酸化マンガンにうすい過酸化水素水（市販のオキシドールは約３％の過酸化水素水）を加えると，酸素が発生する。発生した酸素は水上置換法で集められる。

(3)石灰石にうすい塩酸を加えると，二酸化炭素が発生する。

(4)二酸化炭素には，石灰水を白くにごらせる性質がある。

❹(1)アンモニアを発生させるには，水酸化カルシウムと塩化アンモニウムの混合物を加熱する方法以外に，アンモニア水を加熱する方法もある。アンモニアは特有の刺激臭があり，有毒なので，実験の際には注意が必要である。

(2)アンモニアは水に非常にとけやすいので，乾いた器具を用いる必要がある。

(3)アンモニアは水に非常にとけやすいため，スポイトの水を押し入れた瞬間に，フラスコ内のアンモニアが水にとけ，ビーカー内のフェノールフタレイン（溶）液をふくむ水がフラスコ内にふき上がる。

(4)，(5)フェノールフタレイン（溶）液を加えた水溶液は，アルカリ性で赤色に変化する。酸性や中性では無色である。

---

p.46 　　　　　**ぴたトレ1**

1 ①溶質　②溶媒　③溶液　④水溶液　⑤溶媒
　⑥溶質　⑦溶液（水溶液）　⑧透明　⑨質量

2 ①溶液　②溶質　③質量パーセント　④溶質
　⑤溶液　⑥溶質　⑦・⑧溶媒・溶質

考え方
1(2)溶媒が水の溶液を水溶液という。溶媒がエタノールの溶液ならば，エタノール溶液という。

(4)物質が水にとけると，物質は水の中に広がっていき，最終的に水溶液の濃さはどの部分も均一となる。物質の粒子は目に見えないので，均一にとけると，水溶液は透明になる。透明とは，色に関係なく，すき通っていて，向こう側が見えるようすをいう。

(5)物質は，水にとけて見えなくなっても，水溶液の中に存在しているので，水に物質をとかす前ととかした後では，全体の質量は変化しない。

2(1)〜(3)水溶液の濃さの大小は，硫酸銅水溶液のように色の濃さである程度判断できるものもあるが，塩化ナトリウム水溶液のように無色のものは見た目では判断できない。溶液の濃さは質量パーセント濃度を使って表すことができる。

---

p.47 　　　　　**ぴたトレ2**

❶ (1)溶質　(2)溶媒　(3)水溶液

❷ (1)ⓐ(→)ⓑ(→)ⓓ(→)ⓒ

(2)①水　②均一　③透明　④変化しない。

❸ (1)20 ％

(2)5 gの塩化ナトリウムを95 gの水にとかす。

考え方
❶(1)〜(3)溶質：溶液にとけている物質
　溶媒：溶質をとかしている液体
　溶液：溶質が溶媒にとけた液
　水溶液：溶媒が水の溶液

❷(1)，(2)水の中に角砂糖を入れると（図ⓐ），水が角砂糖の粒子と粒子の間に入りこみ（図ⓑ），粒子がばらばらになって広がっていく（図ⓓ）。最終的には粒子は水の中に一様に広がり（図ⓒ），水溶液の濃さは均一になり，透明な液となる。

(3)溶質の１つ１つの粒子は，物質の種類によって決まった質量をもっているので，溶質がとけて見えなくなっても，全体の質量は変化しない。

❸質量パーセント濃度〔％〕

$$= \frac{溶質の質量〔g〕}{溶液の質量〔g〕} \times 100$$

$$= \frac{溶質の質量〔g〕}{溶媒の質量〔g〕+溶質の質量〔g〕} \times 100$$

(1)$\frac{20g}{80g+20g} \times 100 = 20$　　よって，20％

(2)5％の塩化ナトリウム水溶液100 gにふくまれている塩化ナトリウムの質量は，溶液の質量の５％なので，

$$100\,g \times \frac{5}{100} = 5\,g$$

溶媒の質量＋溶質の質量＝溶液の質量より，水の質量は，100 g−5 g＝95 g

p.48 **ぴたトレ1**

1 ①飽和（状態）　②飽和水溶液　③溶解度
　④64　⑤168　⑥温度　⑦溶解度

2 ①ろ過　②冷やす　③溶解度　④温度
　⑤蒸発　⑥結晶　⑦再結晶　⑧混合物
　⑨純物質（純粋な物質）

考え方

1 (1)水溶液が飽和しているときは，さらに溶
　　質を加えても，とけきれずに残る。温度
　　によって，とける量は変化する。

2 (2)～(4)硝酸カリウムのように温度による溶
　　解度の変化が大きい物質は，水溶液を冷
　　やすことでとり出すことができる。塩化
　　ナトリウムのように温度による溶解度の
　　変化がほとんどない物質は，水溶液を冷
　　やしてもとり出せないので，水を蒸発さ
　　せることでとり出す。
　(6)再結晶により，物質をより純粋にするこ
　　とができる。
　(7)空気や水溶液などはいくつかの物質が混
　　ざり合った混合物である。ろうもいろい
　　ろな有機物の混合物，10円硬貨も銅と
　　少量のスズ，亜鉛の混合物である。一方，
　　水や塩化ナトリウム，酸素など1種類の
　　物質でできているものは純物質（純粋な
　　物質）である。

p.49 **ぴたトレ2**

1 (1)溶解度曲線　(2)硝酸カリウム
　(3)飽和水溶液　(4)53g　(5)再結晶
　(6)（水溶液を加熱して）水を蒸発させる。

2 (1)ろ過　(2)ⓒ　(3)結晶

考え方

1 (1)一定の量（100g）の水にとける物質の質
　　量〔g〕の値を，その物質の溶解度といい，
　　溶解度と温度との関係を表したグラフを
　　溶解度曲線という。
　(2)グラフから，50℃の水100gにとける
　　硝酸カリウムは85g，塩化ナトリウム
　　は約40gであるから，硝酸カリウムの
　　ほうが多くとけることがわかる。
　(3)硝酸カリウムがとける限度までとけてい
　　る状態の水溶液なので，飽和水溶液であ
　　る。

(4)グラフより，20℃の水100gにとける
　硝酸カリウムは32gであるから，とけ
　きれなくなって出てくるのは，
　85g－32g＝53g

2 (2)ろ過する液体は，ガラス棒を伝わせて，
　　少しずつ入れる。ろうとのあしは，切り
　　口の長いほうをビーカーの壁にあてる。
　　ⓐはろうとのあしの切り口の短いほうが
　　ビーカーにあたっている，ⓑはろうとの
　　あしがビーカーにあたっていない，ⓓは
　　ガラス棒を伝わせていないので，いずれ
　　も誤り。
　(3)結晶は，その物質に特有な規則正しい形
　　をしている。

p.50～51 **ぴたトレ3**

1 (1)溶質：コーヒーシュガー　溶媒：水
　(2)コーヒーシュガーが水にとけて，水の中に
　　一様（均一）に広がった。
　(3)水やコーヒーシュガーの粒子1個の質量や
　　その粒子の数が変化しないから。
　(4)20％　(5)270g

2 (1)右図
　(2)細かい砂の粒子は，
　　ろ紙の穴よりも大
　　きく，水溶液中の
　　水や塩化ナトリウ
　　ムの粒子は，ろ紙
　　の穴より小さいか
　　ら。

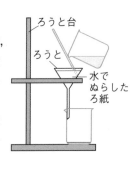

ろうと台
ろうと
水で
ぬらした
ろ紙

3 (1)混合物
　(2)（水溶液を加熱して）水を蒸発させる。
　(3)塩化ナトリウムは温度による溶解度の変化
　　がほとんどないから。

4 (1)硝酸カリウム　(2)ⓦ　(3)ⓣ　(4)（約）10g

考え方

1 (1)，(2)溶質であるコーヒーシュガーの粒子
　　と粒子の間に，溶媒である水の粒子が入
　　りこみ，やがて均一に散らばった透明の
　　水溶液になる。
　(3)物質をとかす前後で全体の質量が変わら
　　ないのは，溶質と溶媒のそれぞれの粒子
　　の「数」も「質量」も変化していないためで
　　ある。

(4) $\dfrac{50\,\text{g}}{200\,\text{g}+50\,\text{g}} \times 100 = 20$　よって，20%

(5) 10％の水溶液300 g 中にとけているコーヒーシュガーの質量は，

$300\,\text{g} \times \dfrac{10}{100} = 30\,\text{g}$

これより水の質量は，

300 g － 30 g ＝ 270 g

❷(1) ろうとに液体を流し入れるときは，ビーカーから直接ではなく，ガラス棒に伝わらせて入れる。また，ろうとのあしは，切り口の長いほうをビーカーの壁にあてる。

(2) ろ過は，ろ紙の穴（あな）と物質の粒子の大きさとの大小で，粒子をふるい分ける。大きい粒子はろ紙の小さな穴を通ることができない。

❸(1) 塩化ナトリウム水溶液は，塩化ナトリウムと水の混合物である。

(2), (3) 温度による溶解度（ようかいど）の変化が小さい物質は，温度変化によって結晶（けっしょう）をとり出すことがむずかしい。この場合，溶液を加熱し，溶媒を蒸発（じょうはつ）させることで，とり出すことができる。

❹(1) グラフより，硝酸カリウムの80 ℃における溶解度は約170，20 ℃における溶解度は約30である。よって，170 g － 30 g ＝ 140 g で，100 g 以上の結晶が出てくると考えられる。塩化カリウムや塩化ナトリウムは，温度による溶解度の変化が小さいので，結晶はほとんど出てこない。

(2) 水100 g にとけきる温度は，硝酸カリウム80 g が約50 ℃，塩化カリウム40 g が約45 ℃なので，これら2種の溶質をとかしきるためには，50 ℃以上にしなければならない。

(3) 10 ℃での溶解度は，硝酸カリウムが約20，塩化カリウムが約30である。したがって結晶として出てくるのは，硝酸カリウムが

80 g － 20 g ＝ 60 g

塩化カリウムが

40 g － 30 g ＝ 10 g

よって，出てくる結晶の合計は，

60 g ＋ 10 g ＝ 70 g

(4) グラフより，硝酸ナトリウムのとける質量を表にまとめると，

	40℃	100℃
水100gのとき	約100g	約165g
水50gのとき	約50g	約82.5g

これより，水50 g のときは，100 ℃では硝酸ナトリウム60 g はすべてとけきっているが，40 ℃ではとける質量は約50 g であるから出てくる結晶は，

60 g － 50 g ＝ 10 g

p.52　ぴたトレ1

1 ①液体　②状態変化　③する　④しない
⑤質量　⑥しない　⑦運動　⑧広く　⑨固体
⑩液体　⑪気体

2 ①一定　②沸点　③融点　④一定　⑤種類
⑥沸点　⑦融点

考え方

1 (1) 温度によって状態は変わるが，別の物質になるのではない。

(2)～(5) 物質が状態変化すると，その状態によって，粒子（りゅうし）の並（なら）び方や運動（こと）のようすが異なり，体積は変化する。しかし，粒子の数と粒子1個の質量は変わらないので，状態が変わっても質量は変わらない。

2 (1)～(5) 固体がとけはじめてから，とけ終わって液体になるまでの間，温度は一定で，この温度を融点（ゆうてん）という。また，液体が沸騰（ふっとう）しはじめてから，沸騰が終わってすべて気体となるまでの間，温度は一定で，この温度を沸点（ふってん）という。融点と沸点は，物質の種類によって決まっているので，物質を区別するときの手がかりになる。

p.53　ぴたトレ2

❶ (1) 気体　(2) 体積⑦　質量⑨　(3) ⓑ　(4) 液体
(5) 状態変化

❷ (1) X：融点　Y：沸点
(2) X：0(℃)　Y：100(℃)　(3) B　(4) ⓘ

考え方

❶ (1) 液体のエタノールをあたためると気体に変わり，体積が大きくなるので，袋（ふくろ）は大きくふくらむ。

(2)状態変化では，体積は変化するが質量は変化しない。

(3)液体から気体に変化すると，粒子の運動はより激しくなり，粒子が自由に飛び回れるようになる。

(4)エタノールはもとの温度にもどるので，気体から液体に変化する。このとき，体積が小さくなるので，袋はもとの大きさまでしぼむ。

② (1)温度Xでは固体が液体に，温度Yでは液体が気体に状態変化している。この温度X，Yをそれぞれ融点，沸点という。純物質(純粋な物質)の固体が液体に変化するとき，液体が沸騰している間は，加熱し続けても温度は一定である。

(3)図のAでは固体，Bでは固体と液体が混ざった状態，Cでは液体，Dでは液体と気体の混ざった状態である。

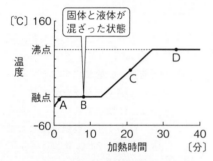

〔℃〕160

固体と液体が混ざった状態

沸点

温度

融点

A B   C   D

-60   1   10   20   30   40
加熱時間   〔分〕

(4)-200℃で固体なので，融点は-200℃よりも高い。また，100℃で気体なので，沸点は100℃よりも低い。

---

p.54　　　ぴたトレ1

1 ①横　②縦　③最大　④曲線　⑤誤差
⑥折れ　⑦なめらかな　⑧した　⑨させた

2 ①沸点　②蒸留　③沸点　④エタノール
⑤つく　⑥低く(小さく)　⑦沸騰石

考え方 1 (3)～(5)測定値の点の並びぐあいを見て，曲線と判断した場合は，なるべく多くの点の上やその近くを通るように，なめらかな曲線を引く。直線と判断した場合は，ものさしの辺の上下に点が同程度に散らばるように直線を引く。原点を通るかどうかも考える。これにより，測定値以外についても，その値を推測することができる。

---

2 (2)～(5)液体の混合物を蒸留すると，沸点の低い物質が先に出てくるので，沸点のちがいにより，物質を分離することができる。急に沸騰(突沸)するのを防ぐため，沸騰石を入れて加熱する。

---

p.55　　　ぴたトレ2

① (1)エ　(2)誤差
(3)なるべく多くの点やその近くを通るようになめらかな曲線を引く。

② (1)沸騰石　(2)(約)4分後　(3)①ア　②ウ
(4)蒸留　(5)沸点

考え方 ① (1)図のグラフは，横軸に加熱時間(変化させた量)，縦軸に温度(変化した量)をとっている。

(2)，(3)問題のグラフは，各点を折れ線でつないでいるが，線を引くときには，誤差があることを考える必要があるので，単純に折れ線で引いてはいけない。

② (2)混合物の場合，沸騰がはじまってもゆるやかな温度の上昇が続く。

(3)エタノールの沸点は約78℃，水の沸点は約100℃なので，まず先に，沸点の低いエタノールが多く蒸発する。点C付近は約100℃での沸騰なので，ほとんどが水である。

(4)，(5)蒸留を利用すると，物質の沸点の差を利用して，物質を分離することができる。

---

p.56～57　　　ぴたトレ3

① (1)カ　(2)①ａ　②質量ウ　密度イ　(3)ア
(4)粒子の運動は激しくなり，粒子どうしの間隔は広くなる。

② (1)①融点　②沸点
(2)①E　②A　③D　④C
(3)エタノール:B　水:D

❸(1)液体が急に沸騰(突沸)するのを防ぐため。

(2)右図　(3)ⓓ

(4)①A

②はじめに出てくる蒸気には、沸点の低いエタノールが多くふくまれているから。

(5)蒸留

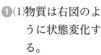

考え方

❶(1)物質は右図のように状態変化する。

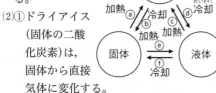

(2)①ドライアイス(固体の二酸化炭素)は、固体から直接気体に変化する。

②状態変化では、質量は変化しないが、体積は変化する。固体が気体に変化すると、質量は変わらずに体積が大きくなるので、密度は小さくなる。

(3)ふつう、液体が固体になると体積が小さくなり、液体が気体になると体積が大きくなる。ただし、水は例外で、氷(固体の水)になると体積が約1.1倍になる。

(4)物質の粒子は、固体の状態では規則正しく並んでいるが、加熱していくと、しだいに粒子の運動は激しくなり、粒子の間隔も広くなる。液体では、粒子は比較的自由に動き、気体では、粒子は自由に飛び回るようになる。

❷(2)① 20℃で固体の物質は、融点が20℃よりも高い物質である。

② 20℃で気体の物質は、沸点が20℃よりも低い物質である。

③ -20℃で固体、20℃で液体の物質は、融点は-20℃より高く20℃より低い。また、沸点は20℃より高い。

④ 40℃のときと250℃のときのどちらも液体であるから、融点は40℃より低く、沸点は250℃よりも高い物質である。

(3)エタノールの沸点は、約78℃である。また、水は融点が0℃、沸点が約100℃である。

❸(1)液体を加熱するときには、液体が急に沸騰(突沸)することを防ぐために、沸騰石を入れて加熱する。

(2)温度計の液だめは、枝つきフラスコの枝の高さにして、出てくる蒸気の温度をはかる。

(3)沸騰がはじまると、温度の上昇がゆるやかになる。水よりも沸点の低いエタノールの沸点(約78℃)付近で、温度の上がり方がゆるやかになり、エタノールの蒸気が出つくすと、再び温度の上がり方が急になって、水の沸点(約100℃)付近で再び温度の上がり方がゆるやかになる。

(4)最初に集められた試験管Aにはエタノールが多くふくまれ、アルコール特有のにおいが強く、火を近づけるとよく燃える。最後に集められた試験管Cはほとんどが水である。

大地の成り立ちと変化

p.58　　　　　　ぴたトレ1

1 ①プレート　②海溝

2 ①隆起　②沈降　③しゅう曲　④断層
⑤しゅう曲　⑥断層　⑦大きさ(直径)
⑧水底(海底)　⑨隆起　⑩火山

考え方

1(1)地球表面は十数枚のプレートにおおわれている。プレートは、内部の高温の岩石の上を動いている。

(2)海底の深い溝を海溝、海底の大山脈を海嶺という。

2(2)長期間大きな横向きの力を受けた大地は、波打つように曲がる。これをしゅう曲という。

(3)大きな横向きの力によって大地が割れてずれ動くことがある。このずれを断層という。

(5)粒の大きさが2mm以上のものをれき、$\frac{1}{16}$～2mmのものを砂、$\frac{1}{16}$mm以下のものを泥という。

(6),(7)大地をつくるものによって、昔の大地の変化を推測することができる。

❶ (1)⑦　(2)B

(3)2つのプレートが衝突し，プレートの境界付近にあった地層などを押し上げた。

❷ (1)断層　(2)しゅう曲　(3)①A　②C　③B

❸ (1)Aれき　B砂　C泥　(2)水底

考え方

❶(1)地球の表面をおおう，かたい板状の岩石のかたまりをプレートといい，数10〜約100kmの厚さである。

(2)インド半島をのせたプレートは水平に動き，ユーラシアプレートに衝突した。

(3)2つのプレートが衝突し，衝突前の大陸間にあった地層や，ユーラシアプレートの大陸のふちを押し上げて，ヒマラヤ山脈などができた。

❷(3)大地がもち上がることを隆起，大地が沈むことを沈降という。

❸(2)丸みのあるれきは，流れる水のはたらきで角がとれており，海岸の近くに堆積する。よって，丸みのあるれきをふくむ層は水底に堆積し，隆起して地表に現れたことが推測される。

1 ①断層　②震源(震源断層)　③震央

④初期微動　⑤主要動　⑥初期微動継続時間

⑦震央　⑧震源　⑨初期微　⑩主要

⑪初期微動継続時間

2 ①P波　②S波　③同時　④長く

考え方

1(3)初期微動や主要動がはじまる時刻は，ふつう震央から近いほど早くなる。

(4)初期微動継続時間は，P波が届いてからS波が届くまでの時間である。

(5)震央から観測点までの距離を震央距離，震源から観測点までの距離を震源距離，震央から震源までの距離を震源の深さという。

2(1)P波はPrimary Wave（最初の波），S波はSecondary Wave（2番目の波）の頭文字からとっている。

(2)P波とS波は同時に伝わりはじめるが，P波のほうがS波よりも速いので，震源距離が長いほど，P波が届くまでの時間とS波が届くまでの時間の差（初期微動継続時間）が大きくなる。

❶ (1)震源(震源断層)　(2)震央

(3)ⓐ⑦　ⓑ⑦　ⓒ⑦

❷ (1)A初期微動　B主要動　(2)12秒

(3)A：P波　B：S波

❸ (1)ⓐP波　ⓑS波　(2)⑦　(3)A

(4)震源距離が長いほど，P波・S波が届くまでの時間の差が大きいから。

考え方

❶(1)〜(3)下図参照。

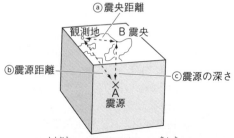

ⓐは震央から観測地までの距離なので震央距離，ⓑは震源から観測地までの距離なので震源距離，ⓒは震央から震源までの距離なので震源の深さである。

❷(1)はじめの小さなゆれ（A）を初期微動，続いてはじまる大きなゆれ（B）を主要動という。

(2)初期微動継続時間は，P波が届いた時刻とS波が届いた時刻の差なので，

14時13分37秒−14時13分25秒
＝12秒

(3)P波が届くと初期微動がはじまり，S波が届くと主要動がはじまる。

❸(1)P波とS波は震源から同時に伝わりはじめるが，P波のほうがS波よりも伝わる速さが速い。グラフの傾きは速さを表しているので，傾きが急なⓐがP波，傾きがゆるやかなⓑがS波である。

(2)⑦はP波が伝わるまでにかかる時間，⑦はS波が伝わるまでにかかる時間を表している。

(3)震源距離が長いほど，初期微動継続時間が長い。

(4)理由を答えるので，「〜から。」「〜ため。」とする。また，与えられた3つの言葉をすべて使うこと。

ぴたトレ1

1 ①震度(震度階級) ②大きく
③マグニチュード

2 ①大陸(陸の) ②海洋(海の) ③深く
④内陸 ⑤津波 ⑥活断層 ⑦短く
⑧大きく ⑨大陸(陸の) ⑩海洋(海の)

考え方

1 (1)地震のゆれの大きさを表す階級を震度といい，0～7の10階級で表される(震度5と6はさらに強・弱に分けられる)。

(2)大地をつくる岩石のかたさやつくりのちがいによって，震央から遠いところのほうが近いところより震度が大きくなることもある。

(3)マグニチュードが大きいほど，地震のエネルギーが大きい。

2 (1)海溝よりも浅い海底の谷をトラフという。

(2)日本付近には，大陸プレート(北アメリカプレート，ユーラシアプレート)と海洋プレート(太平洋プレート，フィリピン海プレート)が分布している。

(5)，(6)大陸プレートがひずみにたえられなくなると岩石が破壊され，地震と津波が起こる。

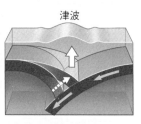

津波

(7)過去にくり返してずれ動き，今後もずれ動く可能性がある断層を活断層という。

ぴたトレ2

1 (1)10階級 (2)大きくなる。 (3)A
(4)Aのほうがゆれを感じる範囲が広く，同じ地点でのゆれの大きさが大きいから。

2 (1)A大陸(陸の)プレート
B海洋(海の)プレート (2)エ
(3)海溝(プレート境界)型地震 (4)活断層
(5)内陸型地震

考え方

1 (1)震度は0～7に分けられ，震度5と6はさらに強・弱に分けられるので，全部で10階級になる。

(3)関東地震のマグニチュードは7.9，伊豆半島沖地震のマグニチュードは6.9であった。

(4)与えられた語句をすべて使うこと。

---

2 (1)大陸プレート(A)の下に海洋プレート(B)が沈みこんでいる。

(2)震源が深い地震は，沈みこむ海洋プレートに沿って起こるので，日本海溝から大陸側に向かって震源が深くなる。

(4)，(5)活断層が再びずれたりして内陸型地震が起こる。

ぴたトレ3

1 (1)地震計

(2)地面のゆれによって記録紙は動くが，おもりとつながった針はほとんど動かないから。

(3)A初期微動 B主要動

(4)初期微動継続時間

2 (1)右図
(2)A
(3)イ
(4)5秒
(5)8km/s
(6)15秒後
(7)ア

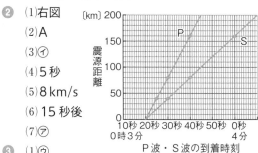

〔km〕
震源距離
200
150
100
50
0
P
S
10秒 20秒 30秒 40秒 50秒 0秒
0時3分   4分
P波・S波の到着時刻

3 (1)ウ

(2)Aユーラシアプレート
Bフィリピン海プレート
C太平洋プレート
D北アメリカプレート

(3)①A，D ②B，C (4)C

(5)海溝(プレート境界)型地震

(6)津波

考え方

1 (2)記録紙は地震とともに動くが，ばねにつながったおもりと針の先はほとんど動かないので，針の先についたペンで地震のゆれを記録することができる。

(3)はじめの小さなゆれ(A)を初期微動，続いてはじまる大きなゆれ(B)を主要動という。

(4)初期微動継続時間は，P波が届いてからS波が届くまでの時間なので，P－S時間ともよばれる。

2 (1)グラフの縦軸は1目盛り10km，横軸は1目盛り1秒になっている。

(2)ふつう，震源距離が短いほど震度が大きくなる。

(3)グラフが横軸と交わった点（震源距離が０km）の時刻を読みとる。

(4)初期微動継続時間＝Ｓ波の到着時刻－Ｐ波の到着時刻なので，

０時３分30秒－０時３分25秒＝５秒

(5)表から，Ｐ波は80km－40km＝40km進むのに０時３分30秒－０時３分25秒＝５秒間かかっているので，

$$速さ＝\frac{震源距離}{Ｐ波が届くまでの時間}＝\frac{40\,km}{5\,s}＝8\,km/s$$

(6)$$Ｐ波が届くまでの時間＝\frac{震源距離}{速さ}＝$$

$$\frac{120\,km}{8\,km/s}＝15\,s$$

(7)Ｐ波とＳ波は同時に発生する。

❸(5)，(6)沈みこむ海洋プレートに大陸プレートが引きずられ，その周囲にひずみがたまり，大陸プレートがひずみにたえられなくなると，岩石が破壊されて地震が起こる。海溝型地震は，海溝やトラフ周辺で起こり，海底の変形にともなって津波が発生することがある。

p.66 ぴたトレ1

1 ①火山噴出物　②マグマ　③鉱物　④溶岩

2 ①火山弾　②火山ガス　③マグマ

考え方
1(1)火山噴出物には，溶岩や火山弾，軽石，火山れき，火山灰，火山ガスなどがある。
(3)純粋な物質で，その物質に特有な規則正しい形をした固体を結晶という。
2(3)軽石は小さな穴がたくさんあいているので，軽くて水に浮く。

p.67 ぴたトレ2

❶(1)マグマ　(2)マグマだまり　(3)鉱物
(4)水蒸気　(5)火山灰　(6)軽石
(7)マグマが冷えるときに，とけていた気体が火山ガスとなってマグマからぬけてできた。

❷(1)ウ　(2)ウ　(3)Ｂ
(4)ふくまれる鉱物の種類や量がちがうから。
(5)マグマ

考え方
❶(2)地下深いところでできたマグマは上昇して，地下約10km以内の浅いところで止まり，マグマだまりとしてたくわえられる。
(4)火山ガスには，水蒸気以外に二酸化炭素や硫化水素などもふくまれる。
(7)指定された語句を必ず使うこと。
❷(1)ごみやよごれを洗い流すため，親指の腹でよくこねるように洗う。
(2)磁鉄鉱は，正八面体をした黒色の鉱物である。
(3)チョウ石やセキエイなど白色・無色の鉱物（無色鉱物）を多くふくむほど，白っぽい火山灰になる。

p.68 ぴたトレ1

1 ①噴火　②活火山

2 ①小さい　②大きい　③小さい　④大きい
⑤小さい　⑥大きい　⑦黒っぽい
⑧白っぽい　⑨おだやか（流れるよう）
⑩爆発的

考え方
1(1)物質１cm³あたりの質量を密度という。膨張すると体積が大きくなるので，密度が小さくなる。
2マグマのねばり気は大きい（強い），小さい（弱い）と表現する。

p.69 ぴたトレ2

❶(1)エ　(2)イ　(3)上昇する。　(4)活火山

❷(1)①Ｃ　②Ａ　(2)Ａ④　Ｂ⑦　Ｃ⑦　(3)④
(4)Ａ

考え方
❶(1)マグマに現れる泡は，マグマにとけこんでいる気体で，噴火のときに火山ガスになって，マグマからぬける。
(2)，(3)マグマに泡が現れはじめると，マグマは膨張して密度が小さくなるため，上昇し，大地の割れ目などを通って地表に噴出する。
❷(1)①マグマのねばりけが小さいと流れやすく，溶岩が地表をうすく広がって流れるので，傾斜がゆるやかな火山になる。
②マグマのねばりけが大きいと流れにくいので，溶岩が広がりにくく，傾斜が急な盛り上がった形の火山になる。

(3)ねばりけの大きいマグマには無色鉱物の成分が多くふくまれるので，白っぽい溶岩になる。ねばりけの小さいマグマには無色鉱物の成分が少ないので，黒っぽい溶岩になる。

(4)マグマのねばりけが大きいと，マグマの中に泡がたまり，破裂して爆発的な噴火になることがある。

p.70 ぴたトレ1

1 ①火成岩　②斑状　③斑晶　④石基
　⑤等粒状　⑥火山岩　⑦深成岩　⑧急
　⑨斑状　⑩等粒状　⑪火山　⑫斑状　⑬斑晶
　⑭石基　⑮深成　⑯等粒状

考え方

1 (2)～(5)

斑状組織（火山岩）

等粒状組織（深成岩）

斑晶　石基

(6)マグマが地下深いところにあるときに，鉱物ができて成長する。そのマグマが地表や地表の近くに上昇すると，急に冷やされ，鉱物をとり囲むように，とても小さいままの鉱物やガラス質の部分ができ，斑状組織になる。

(7)地下深くのマグマがゆっくり冷え固まると，それぞれの鉱物がじゅうぶんに成長し，等粒状組織ができる。

p.71 ぴたトレ2

1 (1)火成岩　(2)斑晶　(3)石基
　(4)A斑状組織　B等粒状組織
　(5)A火山岩　B深成岩　(6)B　(7)A⑦　B④
2 (1)図2：B　図3：A
　(2)A深成岩　B火山岩

考え方

1 (3)石基は，とても小さい鉱物やガラス質の部分からなる。
　(4)～(7)下表参照。

火成岩	火山岩	深成岩
つくり	斑状組織	等粒状組織
できた場所	地表や地表近く	地下深く
冷え方	急に冷やされてできる。	ゆっくり冷やされてできる。

2 (1)図2はいくつかの大きい結晶とそのまわりの細かい結晶からできているので，急に冷やしたB，図3は同じぐらいの大きさの結晶からできているので，ゆっくり冷やしたAのようすである。

(2)マグマが急に冷えると斑状組織をもつ火山岩になり，ゆっくり冷えると等粒状組織をもつ深成岩になる。

p.72 ぴたトレ1

1 ①鉱物　②斑(はん)れい岩　③黒
　④花こう(花崗)岩　⑤白　⑥安山岩
　⑦流紋岩　⑧斑(はん)れい岩
　⑨花こう(花崗)岩
2 ①マグマ　②マグマだまり　③海洋(海の)

考え方

1 (2)，(3)有色鉱物の割合が大きいと黒っぽく見え，無色鉱物の割合が大きいと白っぽく見える。

2 (2)海洋プレートがほかのプレートの下に沈みこむ場所では，海洋プレートが地下約100～150kmの位置まで沈みこんだところの上方で，岩石がとけてマグマができる。

(3)マグマが上昇すると，地下約10km以下の浅いところで一時的にマグマが止まって，マグマだまりをつくることが多い。

p.73 ぴたトレ2

1 (1)A玄武岩　B安山岩　C斑(はん)れい岩
　D花こう(花崗)岩
　(2)@チョウ石(長石)　⑤クロウンモ(黒雲母)
　(3)(セキエイやチョウ石などの)白色や無色の鉱物の割合が大きいから。
2 (1)⑦　(2)A　(3)@
　(4)海溝やトラフとほぼ平行に帯をなすように分布している。

考え方

1 (1)下表参照。

色	黒っぽい ◀ ▶ 白っぽい		
マグマのねばりけ	小さい ◀ ▶ 大きい		
火山岩	玄武岩	安山岩	流紋岩
深成岩	斑れい岩	せん緑岩	花こう岩

(3)与えられている語句が「白色や無色の鉱物」なので，無色鉱物としない。

理科 21

❷(2)海洋プレートは，大陸プレートの下に沈みこむ。

(3)海洋プレートが地下 100 ～ 150 km の位置まで沈みこんだところの上方で，岩石の一部がとけてマグマになる。

(4)海溝やトラフとほぼ平行になっていることが書かれていればよい。

❶ (1)マグマ　(2)A　(3)①ⓒ　②ⓒ　③⑦

❷ (1)A火山岩　B深成岩　(2)安山岩　(3)エ

(4)(セキエイやチョウ石などの)白色や無色の鉱物の割合が大きいから。

❸ (1)B　(2)Y　(3)斑状組織　(4)ⓐ石基　ⓑ斑晶

(5)Bの岩石は，マグマが地表や地表近くで急に冷やされてできたから。

❹ (1)A　(2)マグマだまり

(3)①火山ガス　②溶岩

考え方

❶(2)セキエイやチョウ石は，白色や無色の鉱物である。

(3)ねばりけの大きいマグマからできている火山は，盛り上がった形（ⓒ）をしていて，爆発的な噴火をすることが多い。

❷(1)玄武岩，安山岩，流紋岩は火山岩，斑れい岩，せん緑岩，花こう岩は深成岩である。

(3)⑦はカクセン石，④はカンラン石，⑦はセキエイの特徴である。

(4)理由を答えるので，文末を「～から。」「～ため。」とする。

❸(1)，(3)安山岩は火山岩なので，斑状組織をもつ。Aは等粒状組織，Bは斑状組織を表している。

(2)地下深くでゆっくり冷え固まると，等粒状組織（A）ができる。

(4)比較的大きな鉱物（ⓑ）を斑晶，斑晶をとり囲んでいる部分（ⓐ）を石基という。

(5)できる場所とマグマの冷え方について説明する。

❹(1)Bは，Aの下に沈みこんでいるので海洋プレートである。

(2)マグマだまりは，地下約 10 km 以内の浅いところにできる。

❶

1　①風化　②侵食　③運搬　④堆積　⑤細かい

⑥大きく　⑦扇状地　⑧三角州　⑨れき

⑩砂　⑪泥　⑫隆起　⑬沈降　⑭柱状図

⑮種類　⑯厚さ

考え方

1(7)土砂がくり返し堆積すると，重なった地層ができるので，ふつう下の地層ほど古い。

(8)粒が大きいほど速く沈むため，れき，砂，どろの順に沈んでいく。細かい粒ほど沈みにくく，遠くまで運ばれる。山地から平野になるところを流れる川は，水の流れが急に遅くなるため，堆積が起こり，扇状地という扇形の地形がつくられる。河口では，川の水の流れが非常に遅くなるため，堆積が起こり，三角州という三角形の地形ができる。

(9)，(10)土地がもち上がることを隆起，土地が沈むことを沈降という。

❶ (1)①風化　②侵食　③運搬　(2)B

(3)ⓐれき　ⓑ砂　ⓒ泥　(4)④

❷ (1)ⓔ　(2)ⓑ　(3)④　(4)柱状図

(5)(水中でできた地層が)隆起して地上に現れたから。

考え方

❶(2)Aは傾斜が急なので，侵食がさかんに行われ，断面がVの字のような形をしたV字谷ができる。

(3)細かい粒ほど沈みにくく，河口から遠くまで運ばれる。

(4)三角州は，河口付近で，河川によって運搬された土砂が堆積して地形がつくられる。

❷(1)ふつう，下の地層ほど古い。

(2)れきなど大きい粒ほど速くしずむので，河口近くで堆積する。

1 ①堆積岩　②れき岩　③砂岩　④泥岩

⑤石灰岩　⑥チャート　⑦凝灰岩　⑧丸み

⑨する　⑩つかない

2 ①示相化石　②示準化石　③古生代
④中生代　⑤新生代
⑥サンヨウチュウ(三葉虫)　⑦アンモナイト
⑧ビカリア

考え方

1 (2)堆積岩のうち，れき岩・砂岩・泥岩は，次のように分けられる。

堆積岩	堆積するもの	粒の大きさ
れき岩	れき	2 mm以上
砂岩	砂	$\frac{1}{16} \sim 2$ mm
泥岩	泥(シルト，粘土)	$\frac{1}{16}$ mm以下

石灰岩はうすい塩酸をかけると，気体(二酸化炭素)が発生し，鉄くぎで表面に傷がつく。

2 (2)，(3)代表的な示準化石の例。

地質年代	示準化石
古生代	サンヨウチュウ，フズリナ
中生代	アンモナイト，恐竜
新生代	ビカリア，マンモス

(4)火山灰は広範囲かつほぼ同時期に堆積するので，火山が噴火した時代がわかれば，火山灰の層を鍵層として使える。

p.79 ぴたトレ2

1 (1)堆積岩
(2)① A 泥岩　B 砂岩　C れき岩
②粒の形が丸みを帯びていることが多い。
(3)①石灰岩　②チャート　(4)凝灰岩
2 (1)①⑦　②⑤　③⑦　(2)示相化石
(3)示準化石
(4)限られた時代に生存していた生物の化石。
(5)①⑦，⑦　②⑦，⑩　③①，⑤

考え方

1 (2)②運搬される過程で，たがいにぶつかり合ったりして，角がけずられたため，丸みを帯びている。
(3)チャートは，うすい塩酸をかけても変化しない。石灰岩は，鉄くぎで表面に傷がつく。
2 (1)現在，その生物が生活している環境から考える。
(2)その化石をふくむ地層ができた当時の環境を推測することができる化石を，示相化石という。

(4)限られた時代にしか生存していなかったことが書かれていればよい。

p.80 ぴたトレ1

1 ①多い　②海洋(海の)　③大陸(陸の)
④隆起　⑤沈降　⑥隆起

考え方

1 (3)地震などによる大地の隆起のほかに，地球規模の寒冷化などが原因となる海面の低下によっても海岸段丘ができる。
(7)ハザードマップは，地域，災害ごとに作成され，被害を最小限にすることを目的としている。

p.81 ぴたトレ2

1 (1)⑦　(2)①衝突　②海(底)
2 (1)海岸段丘　(2)段丘面　(3)侵食　(4)隆起
3 (1)過去にくり返してずれ動き，今後もずれ動く可能性がある断層。
(2)⑦

考え方

1 (2)インド半島をのせたプレートがユーラシアプレートに衝突し，間にあった海底の堆積物を押し上げ，ヒマラヤ山脈などができた。
2 (4)海岸段丘は隆起によってできる。
3 (2)日本列島付近には，複数の海溝やトラフがあり，活断層もあちこちに見られるので，日本のどこでも地震が発生する可能性がある。

p.82〜83 ぴたトレ3

1 (1)柱状図　(2)凝灰岩　(3)鍵(かぎ)層
(4)運搬される過程で，たがいにぶつかり合ったりして，角がけずられたから。
(5)① D　② B　③ A　④ C
2 (1)ⓐ大陸プレート　ⓑ海洋プレート　(2)沈降
(3)隆起　(4)海岸段丘　(5) B
3 (1) E　(2) B　(3)⑦　(4)あたたかく浅い海
(5)①　(6)示準化石

考え方

1 (3)火山の噴火のとき，火山灰は広い範囲に降るので，火山灰や凝灰岩の層は鍵層になる。
(4)運搬される間に角がとれたことが書かれていればよい。

(5)標高が高い地点から順に並べると，B→D→C→Aとなる。この地域の地層は，ほぼ水平に広がっているので，どの地点でも凝灰岩は同じ標高にあると考えられる。よって，凝灰岩の層の地表からの深さが深いほど，その地点の標高が高いことがわかる。凝灰岩の層の地表からの深さが深いものから，②→①→④→③となる。

❷(1)大陸プレート（ⓐ）の下に海洋プレート（ⓑ）が沈みこんでいる。

(2)，(3)，(5)大陸プレートの下に海洋プレートが沈みこむ（A）と，大陸プレートが海洋プレートに引きずられて沈降し，ひずみが生じる（C）。大陸プレートはひずみにたえられなくなると，地震をともなって大きく隆起する（B）。

❸(1)ふつう，下にある地層のほうが古い。

(3)C～Eの層が堆積しているとき，堆積するものがれき→砂→泥と，しだいに粒が小さくなっているので，河口から遠ざかり，海面が上昇していったことがわかる。

(5)，(6)アンモナイトの化石は，中生代の代表的な示準化石である。

光・音・力による現象

p.84 ぴたトレ1

1 ①光源 ②直進 ③反射 ④入射角
⑤反射角 ⑥(光の)反射の法則 ⑦入射角
⑧反射角

2 ①光源 ②反射 ③まっすぐ ④像 ⑤像
⑥(光の)反射の法則 ⑦乱反射 ⑧乱反射

考え方

1(1)光源を出た光は，あらゆる方向に広がりながら，とぎれることなく直進する。太陽の光が平行に進んでいるように見えるのは，太陽がはるか遠くにあり，広がって進んでいく光のごく一部しか見ていないからである。

(3)入射角・反射角は，鏡の面に垂直な直線からはかる。

鏡と入射光・反射光の間の角ではないことに注意する。

2(1)物体があっても，光が目に届かなければ見えない。

(2)物体で反射した光が鏡で反射して目に届く。

(5)，(6)物体の表面はなめらかに見えても，実際にはでこぼこしているため，光が物体に当たると，さまざまな方向に反射して，乱反射が起こる。

p.85 ぴたトレ2

1 (1)(光の)反射
(2)角A：入射角　角B：反射角　(3)ⓘ
(4)(光の)反射の法則

2 (1)(物体の)像　(2)ⓒ　(3)乱反射

考え方

1(1)光が鏡などに当たってはね返ることを光の反射という。

(2)～(4)鏡の面に垂直な直線と入射光（鏡に入る光），反射光（鏡で反射する光）の間の角度を，それぞれ入射角，反射角という。光が反射するときは，いつも入射角＝反射角の関係が成り立ち，これを光の反射の法則という。

2(1)鏡やレンズによって，物体はないのにそこに物体があるように見えるとき，それを物体の像という。

(2)方位磁針で反射した光が鏡で反射して，図の像A・Bができ，もう一度反射して像Cができる。

(3)物体の表面は，なめらかに見えても実際にはでこぼこしている。光が物体に当たると，物体の表面でさまざまな方向に反射(乱反射)するために，どの方向からでも物体を見ることができる。

p.86 ぴたトレ1

1 ①屈折 ②屈折角 ③小さく ④大きく
⑤全反射 ⑥逆 ⑦入射角 ⑧屈折角
⑨屈折角 ⑩入射角

2 ①白色光 ②色 ③屈折 ④プリズム

考え方

1 (1)光が異なる物質の間を進むとき，光は境界面で屈折する。このとき，入射光の一部は境界面で反射している。光が境界面に垂直に入射するときは，光はまっすぐに進む。

(4)光が水やガラスから空気へ進むとき，入射光の一部は境界面で反射する。しかし，入射角が大きくなり限界の角度をこえると，光は全反射する。

2 (2)例えば，物体が青色に見えるとき，白色光に混ざっている青色の光が，物体の表面で反射され，それ以外の色の光の多くは物体の表面で吸収されている。

p.87 ぴたトレ**2**

1 (1)(光の)屈折　(2)角A：入射角　角B：屈折角
(3)⑦　(4)図2：ⓑ　図3：ⓒ　(5)全反射
2 (1)白色光　(2)①境界(面)　②屈折　③青色

考え方

1 (1)2つの異なる物質の間を進む光は，その境界面で屈折する。

(2)2つの物質の境界面に垂直な直線と，入射光，屈折光の間の角度を，それぞれ入射角，屈折角という。

(3)光が空気から水へ進むとき，屈折角は入射角より小さくなる。一方，光が水から空気へ進むときは，屈折角は入射角より大きくなる。

(4)図2では，光が境界面に対して垂直に入射しているので，光は屈折せずにそのまままっすぐに進む。図3では，光が水から空気へ進んでいるので，屈折角は入射角(角C)より大きくなり，より境界面に近いほうへ屈折して進む。

(5)光が入射角よりも屈折角が大きくなるように進むとき，入射角が限界の角度をこえると全反射が起こる。

2 (1)，(2)白色光はいろいろな色の光が混ざっていて，空気と水などの境界を進むときに，それぞれの色の光が異なる角度で屈折するため，虹のように複数の色の光の帯が見えることがある。

(2)物体の表面で反射された色の光が目に届くと，その届いた色が見える。

p.88 ぴたトレ**1**

1 ①凸レンズ　②屈折　③焦点　④焦点距離
⑤同じ　⑥大きく　⑦短く　⑧焦点
⑨焦点距離　⑩焦点　⑪焦点距離
2 ①焦点　②直進　③平行　④像　⑤焦点
⑥焦点距離

考え方

1 (1)凸レンズを通して見ると，物体が大きく見えたり，さかさに見えたりする。また，物体の像を紙などの上に映すことができる。

(6)図を見るとわかるように，実際には光は凸レンズに入るときと出るときの2回屈折する。作図等ではレンズの中央で1回屈折するように省略して表す。

2 (4)，(5)物体の真ん中から出た光は，凸レンズを通って1点に集まり，物体の真ん中の像をつくっている。このようにある点から出た光は，その点の像をつくる。

p.89 ぴたトレ**2**

1 (1)(光の)屈折　(2)焦点　(3)焦点距離　(4)⑦
2 (1)A⑦　B⑦　C⑦　(2)⑦
(3)光が凸レンズを通った後，1点に集まった点に像ができる。

考え方

1 (1)実際の光は凸レンズを入るときと出るときの2回屈折しているが，作図するときはレンズの中央で1回だけ屈折するようにかいてよい。

(2)「焦点」を「集点」と書きまちがえないように注意する。

(3)焦点距離は凸レンズの厚さやふくらみぐあいなどにより異なる。

(4)凸レンズのふくらみが大きいと，入射角や屈折角が大きくなり，焦点距離が短くなる。

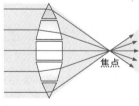

焦点

❷(1)～(3)光Ａ～Ｃは図のように進み，１点に集まり，像ができる。

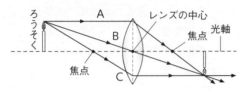

p.90 **ぴたトレ1**

1 ①実像 ②焦点 ③虚像 ④実像 ⑤実像
⑥実像 ⑦できない ⑧虚像

考え方 1凸レンズによってできる像

物体の位置	像の大きさ	像の向き
焦点距離の ２倍より遠い位置	物体より 小さな実像	物体と上下・ 左右が逆
焦点距離の ２倍の位置	物体と同じ 大きさの実像	物体と上下・ 左右が逆
焦点距離の２倍の 位置と焦点の間	物体より 大きな実像	物体と上下・ 左右が逆
焦点の位置	像はできない。	
焦点よりも 凸レンズに近い位置	物体より 大きな虚像	物体と同じ 向き

p.91 **ぴたトレ2**

❶ (1)実像 (2)10 cm (3)⑦
(4)①大きくなった。②長くなった。

❷ (1)虚像 (2)⑦ (3)⑤

考え方 ❶(1)～(3)物体と同じ大きさの像ができたことから，物体の位置は焦点距離の２倍の位置であるとわかる。したがって，物体と凸レンズの距離が20 cmであるから，焦点距離は10 cmである。図のように，像は焦点距離の２倍の位置に，物体と上下・左右が逆向きの実像ができる。

物体が焦点距離の2倍の位置にあるとき

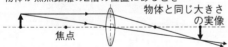

物体と同じ大きさの実像

焦点

(4)物体を位置Ａから位置Ｂのほうへ５cm近づけたとき，物体は焦点距離の２倍の位置と焦点の間にある。このときは，物体より大きな実像が，焦点距離の２倍より遠い位置にできる。

❷(1)ルーペで見える像は，実際に光が集まってできているわけではなく，屈折した光が目に入って見える見かけの像で，虚像である。

(2)，(3)物体より大きな虚像ができるのは，物体が焦点距離よりも凸レンズに近い位置にあるときで，このときの像は物体と同じ向きである。

物体が焦点距離よりも凸レンズに近い位置にあるとき

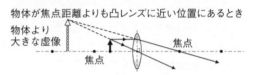

物体より大きな虚像

焦点

p.92～93 **ぴたトレ3**

❶ (1)下図 (2)下図 (3)80 cm (4)⑦

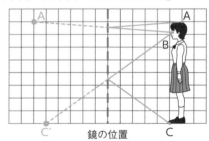

鏡の位置

❷ (1)①ⓐ ②ⓒ ③ⓒ
(2)①ⓒ ②全反射
(3)コインから出た光が水面で屈折して，目に届くようになったから。

❸ (1)実像 (2)上下・左右が逆向きに見える。
(3)下図 (4)エ

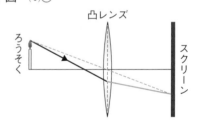

凸レンズ
ろうそく
スクリーン

❹ (1)虚像 (2)下図 (3)小さくなる。

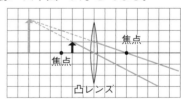

焦点
焦点
凸レンズ

考え方 ❶(1)鏡による像（虚像）は，鏡に対して物体と線対称な位置にできる。
(2)Ａ，Ｃから出た光は，鏡で反射して像からまっすぐに出てきたように進む。このとき，光は反射の法則にしたがう。

(3)Aから出た光と，Cから出た光が鏡で反射して目（B）に届けば，全身を見ることができる。したがって，鏡はABの長さの半分とBCの長さの半分を足した長さ，つまり身長の半分の高さがあればよいとわかる。

(4)物体と像は，鏡に対して線対称な関係にあるので，鏡と物体との距離を変えても，像の大きさは変わらない。

❷(1)①境界面に対して垂直に入射した光は，屈折せずに直進する。また，一部は入射光と逆向きに反射する。

②光が水から空気に進むとき，屈折角は入射角よりも大きくなる。

③光が空気からガラスに進むとき，屈折角は入射角よりも小さく，ガラスから空気に進むとき，屈折角は入射角よりも大きくなる。

(2)光Bは入射角が大きいため，光は分かれずに全反射している。このときも入射角と反射角が等しくなる（光の反射の法則が成り立つ）ように進む。

(3)はじめ，コインが見えていないということは，コインから目に届く光はなかったが，カップに水を注ぐと，水面で屈折して，光が目に届くと考えられる。

❸(1), (2)凸レンズで屈折した光は1点に集まり，上下・左右が逆向きの実像がスクリーンに映る。

(3)凸レンズの中心を通った光はそのまま直進する。この光の道すじとスクリーンとの交点に向かって光は集まる。

(4)凸レンズに黒い袋をかぶせても，凸レンズの下半分での光の屈折により実像はできる。しかし，凸レンズを通って集まる光の量が減るので，像は暗くなる。

❹(1), (2)虚像は実際に光が集まったものではなく，光が像の位置から出てきたように見える「見かけの像」である。

(3)このとき，像のできる位置は凸レンズに近づく。

---

p.94 ぴたトレ1

1 ①音源（発音体）　②振動　③振動　④波
⑤鼓膜　⑥液体　⑦固体

2 ①光　②音　③時間　④距離　⑤距離
⑥時間

考え方

1(3)〜(5)音源となる物体が振動し，その振動がまわりの空気を次々と振動させ，その空気の振動が次々と波として伝わる。空気の振動が耳の中の鼓膜を振動させることで，音が聞こえる。空気が音を伝えていることは，空気を抜いていくと音が聞こえにくくなることからわかる。

2(1), (2)音が伝わる速さは，15℃の空気中で約340 m/sである。光が伝わる速さは，約30万km/sで，1秒間に地球を約7周半する速さである。

---

p.95 ぴたトレ2

🔵 (1)振動している。　(2)空気　(3)波　(4)⑦
(5)小さくなる。

🔵 (1)①918 m　②612 m　(2)⑦

考え方

🔵(1)音が鳴っているとき，その物体は振動している。

(2), (3)音が空気を伝わるとき，空気の振動が次々と伝わるが，空気そのものが移動しているわけではない。振動が次々と伝わる現象を波という。

(4)Bの音さが鳴りはじめた後では，Bの音さは振動しているので，Aの音さの振動を止めても，Bの音さの振動は止まらず，鳴り続ける。

(5)2つの音さの間に板を入れると，空気の振動が伝わりにくくなるので，Bの音は板を入れていないときより小さくなる。

🔵(1)音の速さ〔m/s〕=$\dfrac{\text{音が伝わる距離〔m〕}}{\text{音が伝わる時間〔s〕}}$

より，距離〔m〕=速さ〔m/s〕×時間〔s〕
①340 m/s×2.7 s=918 m
②340 m/s×(4.5−2.7) s=612 m

---

p.96 ぴたトレ1

1 ①振動　②振れ幅　③振幅　④振動数
⑤ヘルツ　⑥振幅　⑦大きく　⑧大きく
⑨多く　⑩高く　⑪大きい　⑫多い
⑬小さく　⑭低く

考え方

1(3)振幅は，もとの位置からの振れ幅であることに注意する。

(4)1往復の動きを，1回の振動と数える。1回の振動にかかる時間が短いほど，1秒間に振動する回数（振動数）は多くなる。

(6), (7)音源の振動と音の関係は，
・振幅が大きいほど，音は大きくなる。
・振動数が多いほど，音は高くなる。

① (1)音源(発音体)　(2)⑦　(3)①　(4)振動数
② (1)① C　②⑦　(2)①，⑦

考え方

①(1)音は音源となる物体が振動することにより生じる。

(2), (3)

山(谷)から山(谷)の間が1回の振動

振幅

(4)振動数はヘルツ(記号Hz)という単位で表す。1秒間に1回振動するときの振動数が1Hzである。

②

	振動数少	振動数多
振幅小	A	B
振幅大	C	D

(1)①弦を強くはじくと，振幅が大きくなる。Aの波形と比べて，振動数は変わらないが振幅だけ大きくなっているのは，Cの波形である(上図)。

②弦を強くはじくと，音が大きくなるが，音の高さは変わらない。つまり，振幅が大きいほど，音は大きくなる。

(2)Bの波形は，Aに比べて振動数が多くなっている。振動数が多くなるのは，弦の長さを短くしたり，弦を強くはったり，弦の太さを細いものにしたりしたときである。このとき，音は高くなる。

① (1)音が小さくなる(聞こえなくなる)。
(2)①
(3)音が大きくなる(よく聞こえるようになる)。
(4)空気　(5)⑦

② (1)340 m/s　(2)850 m

③ (1)音は大きくなる。　(2)⑦，①，⑦
④ (1)B　(2)A，B　(3)⑦　(4)0.002 秒
(5)500 Hz
(6)①振幅(の大きさ)　②振動数(の多さ)

考え方

①(1)音の振動を伝えるものがないと，音は伝わらない。

(2)音が聞こえなくなっても，ブザーに接触している発泡ポリスチレン球が動くことにより，ブザーが作動していることがわかる。

(3)容器の中に空気が入ると，空気の振動により，聞こえる音は大きくなる。

(4)空気をぬいていくと音が小さくなり，空気が入ってくると音が大きくなることより，空気が音を伝えていることがわかる。

(5)音が空気中を伝わるときは，空気の振動が次々と伝わっていくが，空気そのものは移動しない。

②(1)音を出して，校舎で反射した音が聞こえるまでに1秒かかったので，音は170 mの2倍(往復)の距離を1秒で伝わったことになる。

(170×2) m ÷ 1 s = 340 m/s

(2)340 m/s の速さの音が，5秒間で伝わる距離は，

340 m/s × 5 s = 1700 m

これが校舎からの距離の2倍(往復)にあたるから，校舎からの距離は，

1700 m ÷ 2 = 850 m

③(1)弦を強くはじくと，振幅が大きくなり，音が大きくなる。

(2)より高い音を出すには，振動数を多くする必要があるから，弦の長さを短くする(Pの位置を押さえる)，弦のはり方を強くする，細い弦にはりかえる，といった方法がある。

④(1)音の大きさは，振幅が大きいほど大きくなる。図A〜Dを振幅の大きい順に並べると，C＞A＞D＞Bとなる。したがって，もっとも小さい音の波形はBである。

(2)音の高さは，振動数が多いほど高くなる。図A〜Dを振動数の多い順に並べると，A＝B＞C＝Dとなる。音さYは音さXより高い音なので，振動数の多いAとBが音さYの波形である。

(3)同じ音さでも，異なる強さでたたくと振幅にちがいが出る。図AとBではAのほうが振幅が大きいので，Aのときのほうが強くたたいたことがわかる。

(4)Cでは音が1回振動する（音の波が1往復する）のに0.002秒かかっている。

(5)1回振動するのに0.002秒かかるのだから，1秒間に振動する回数は，
1÷0.002＝500
よって，500Hzである。

(6)①振幅が大きいほど，音は大きくなる。
②振動数が多いほど，音は高くなる。

1　①力　②弾性力（弾性の力）　③重力
④磁力（磁石の力）　⑤（静）電気力（電気の力）
⑥離れて　⑦中心　⑧重力

2　①ニュートン　②大きく　③比例　④フック
⑤原点　⑥比例　⑦誤差

考え方

1(2)のびたゴムやのびたばねがもとにもどろうとして生じる力は弾性力（弾性の力）である。

(3)重力は，地球上のすべての物体を地球の中心に向かってひっぱっている。この方向を，その場所での鉛直方向という。

(4)磁石どうしを近づけたとき，引き合ったり，しりぞけ合ったりする力が磁力（磁石の力）である。磁力は磁石の極と極の間にはたらく。

2(1)約100gの物体にはたらく重力の大きさ（重さ）が1Nである。

(2)〜(4)ばねによって，同じ大きさの力に対するのびの大きさは変わるが，ばねA，ばねBのいずれもフックの法則にしたがう。

p.101　　　　　　　　ぴたトレ2

❶ (1)⑦，⑦　(2)弾性力（弾性の力）　(3)重力
(4)⑦，⑦，⊆

❷ (1)①0.4　②0.6　③0.8　④1.0　(2)誤差
(3)ⓑ　(4)比例（の関係）　(5)フックの法則

考え方

❶(2)のびたゴムやちぢんだばねなど，力が加わって変形した物体がもとにもどろうとする力が，弾性力（弾性の力）である。物体が大きく変形するほど，弾性力は大きくなる。

(3)地球上のすべての物体は，重力により，地球の中心に向かって引かれている。

(4)重力，磁力，（静）電気力（電気の力）は，離れていてもはたらく力である。

❷(1)100gの物体にはたらく重力の大きさが1Nであるから，20gのおもり1個にはたらく重力の大きさは0.2Nである。おもりが1個ふえるごとに，ばねに加わる力は0.2Nずつ大きくなる。

(2)，(3)真の値と測定値とのずれを誤差という。測定値からグラフをかくときは，誤差を考えて線を引く必要がある。折れ線で引かずに，直線を引く場合は，ものさしの辺の上下に点が同じぐらい散らばるように引く。

(4)原点を通る直線であることから，比例の関係にあるとわかる。

(5)ばねののびはばねに加わる力の大きさに比例する。これをフックの法則という。フックの法則を利用すると，ばねを用いて力の大きさを測定することができる。

p.102　　　　　　　　ぴたトレ1

1　①ばねばかり　②異なる　③質量
④質量　⑤重力　⑥1N　⑦600g

2　①大きさ　②作用点　③作用点
④力の大きさ　⑤力の向き　⑥作用点
⑦大きさ　⑧作用点　⑨向き　⑩長さ

考え方

1(1)力の大きさをはかるときは，ばねばかりを用いる。ばねばかりは，フックの法則を利用してつくられていて，力の大きさとばねののびの関係にもとづいて目盛りがつけられている。

(2)〜(5)地球上と月面上で同じ台ばかりの体重計にのると，月面上では地球上の約6分の1の値が示される。場所によって変わらない物体そのものの量は，質量といい，上皿てんびんではかることができる。

2 (1), (2)作用点，力の大きさ，力の向きの3つ（これを力の三要素という）によって，物体の動き方がちがってくる。そのため，これらのちがいがわかるように，力を表す必要がある。

(3)2つの物体が接した状態で力がはたらくときは，力の作用点は2つの物体の接点にあると考える。物体どうしの接する面全体から力がはたらいている場合や，重力のように物体の各部分に力がまんべんなくはたらいている場合は，面の中心や物体の中心を作用点として，1本の矢印に代表させて力の矢印をかく。

---

p.103 ぴたトレ2

① (1)300 g (2)0.5 N (3)300 g
② (1)下図 (2)作用点 (3)⑦

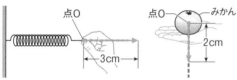

③ (1)①上向き ②磁力（磁石の力） (2)重力

考え方

①(1)100 gの物体にはたらく重力の大きさが1 Nであるから，3 Nの重力がはたらくおもりの質量は，100 g×3＝300 g

(2)ばねばかりは，力の大きさ（重力の大きさ）をはかる。地球上で3 Nの重力の大きさは，月面上では6分の1になるので，3 N÷6＝0.5 Nとなる。

(3)質量は重力の大きさに影響されない。したがって，おもりXの質量は地球上でも月面上でも300 gである。

②(1), (2)力を矢印で表すときは，力がはたらく点（作用点），力の大きさ，力の向きに注意して矢印をかく。図1，2では点Oを作用点とする力を表す。このとき，1 Nを1 cmとする基準をもとに，力の大きさに比例した長さの矢印をかく。

①点Oから右向きに3 cmの矢印をかく。
②点Oから下向きに2 cmの矢印をかく。

(3)図1で，手はばねをのばす（変形させる）力を加えている。

③(1)磁石A，Bの同じ極どうしが向かい合わせになっているので，たがいにしりぞけ合う磁力（磁石の力）がはたらいている。

---

(2)地球上のすべての物体に，重力がはたらいている。

p.104 ぴたトレ1

① ①つり合っている ②大きさ ③反対（逆）
④(同)一直線 ⑤等しい ⑥反対（逆）
② ①摩擦力 ②垂直抗力（抗力） ③重力
④垂直抗力（抗力） ⑤摩擦力 ⑥重力

考え方

①(2)2力がつり合う条件の3つのうち，どれか1つでも欠けると2力はつり合わず，物体は動く。2力がつり合っているときは，一方の力がわかると，2力がつり合う条件からもう一方の力もわかる。

②(1)摩擦力は，物体どうしがふれ合う面ではたらき，物体の動きを止める向きにはたらく。

(3)机の上に置いた本にはたらく重力と，机から本にはたらく垂直抗力（抗力）はつり合っているので，重力の大きさがわかれば，垂直抗力の大きさもわかる。

---

p.105 ぴたトレ2

① (1)A
(2)①等しい ②反対（逆） ③(同)一直線
(3)C
② (1)右図
(2)摩擦力
(3)向き：B（の向き）
　　大きさ：2.5N

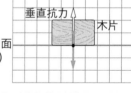

考え方

①(1)～(3)2力がつり合う条件は，次の3つ。
①2力の大きさは等しい。
②2力の向きは反対である。
③2力は一直線上にある（作用線が一致する）。
この3つの条件をすべて満たしているのは，Aだけである。Bは2力の大きさが異なる。Cは2力が一直線上にない。Dは2力の向きが反対ではなく，一直線上にない。

②(1)重力の力の矢印は，木片の中心から下向きに3目盛り分の長さでかく。

(2)ひもが木片を引く力とつり合っているのは，木片が面から受ける摩擦力である。

（3）摩擦力はひもが木片を引く力とつり合っているから，ひもが引く向きと反対のBの向きで，大きさはひもが引く力と同じ2.5Nとわかる。

p.106〜108　ぴたトレ3

❶ （1）ボールの速さが変わるから。
　（2）重力
　（3）磁力（磁石の力），（静）電気力（電気の力）
　（4）①つり合っていた。　②手，地球

❷ （1）比例（の関係）　（2）フックの法則　（3）3cm
　（4）9cm　（5）15g

❸ （1）弾性力（弾性の力）
　（2）Aⓐ　Bⓔ　Cⓘ　Dⓦ
　（3）A

❹ （1）①CD　②CE
　　　③FG　④HI
　　　⑤HI　⑥CD
　（2）右図

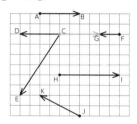

❺ （1）〜（3）下図

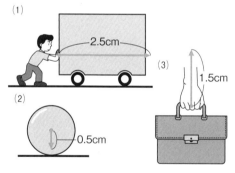

（1）2.5cm
（3）1.5cm
（2）0.5cm

❻ （1）ⓐばねがおもりを引く弾性力（おもりがばねから受ける弾性の力）
　　ⓑ磁石Bが磁石Aをしりぞける磁力（磁石Aが磁石Bから受ける磁石の力）
　（2）ⓐ　ⓑ　ⓒ

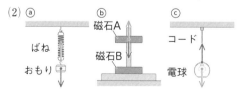

ばね　磁石A　コード
おもり　磁石B　電球

❼ （1）A　（2）B

❽ （1）①B　②C　（2）C

考え方

❶（1）落下するボールの動き（速さ）が変わっていくことから，ボールには力がはたらいているとわかる。
　（2）ボールにはたらいている力は，地球がボールを地球の中心に向かって引く重力である。
　（3）重力や磁力（磁石の力），（静）電気力（電気の力）は，物体どうしが離れていてもはたらく力である。
　（4）①物体に2つの力がはたらいているのに，その物体が静止しているときは，物体にはたらく2力はつり合っているといえる。
　　　②ボールが静止しているときに，ボールにはたらいている力は，地球がボールを引く重力と手がボールを支える力の2つである。

❷（1）グラフは原点を通る直線になっているので，比例の関係にあることがわかる。
　（2）ばねののびはばねに加わる力の大きさに比例している。これをフックの法則という。
　（3）グラフより，ばねに0.2Nの力を加えたときに6cmのびているから，0.1Nの力では，6cm÷2＝3cmのびる。
　（4）30gのおもりにはたらく重力の大きさは0.3Nである。（3）より，0.1Nの力で3cmのびるのだから，0.3Nでは，3cm×3＝9cmのびる。
　（5）0.1Nの力で3cmのびるのだから，4.5cmのびるときにはその1.5倍だから，0.1N×1.5＝0.15N
　　　100gの物体にはたらく重力の大きさが1Nであるから，0.15Nの重力がはたらくおもりの質量は，
　　　100g×0.15＝15g

❸（1）変形した物体がもとにもどろうとして生じる力を弾性力（弾性の力）という。
　（2）作用点の位置と力の向きから，どの物体からどの物体にはたらく力なのかを考える。
　（3）ばねにはたらいている力は，棒がばねを引く力（力A）と，おもりがばねを引く力である。

❹(1)①同じ大きさの力は，矢印の長さが等しい。力ABと力CDはどちらも矢印の長さが4目盛り分である。

②力CDの作用点は，点Cである。同じ点Cを作用点とする力は，力CEである。

③もっとも小さい力のは，矢印の長さがもっとも短い2目盛り分の力FGである。

④力ABと向きが同じ力は，ABの矢印を平行移動すると重なり，矢印の向きが同じである力HIである。

⑤方眼の1目盛りは0.5Nを表すから，3Nの力は，3÷0.5＝6で，6目盛り分である。長さが6目盛り分の矢印は，力HIである。

⑥力FGは2目盛り分の長さであるから，向きが同じで，大きさが2倍の4目盛り分である矢印は，力CDである。

(2)力CDの一直線上に，逆向きに同じ長さの矢印をかく。

❺(1)作用点は手のひらの中心にかく。50Nを表すから，矢印の長さは，0.5cm×5＝2.5cmとする。

(2)重力を表すから，作用点はボールの中心にかき，下向きに，10Nの力を表す0.5cmの長さの矢印をかく。

(3)作用点は，手と荷物が接している部分の中心にかく。手で荷物を支えているから，上向きに，30Nの力を表す0.5cm×3＝1.5cmの長さの矢印をかく。

❻(1)，(2)ⓐおもりにはたらく重力とつり合っているのは，ばねがおもりを引く弾性力（弾性の力）である。作用点はばねとおもりの接点で，重力の矢印と同じ長さで逆向きの矢印をかく。ⓑ磁石Aにはたらく重力とつり合っているのは，磁石Bから磁石Aにはたらく磁力である。作用点は磁石Aの中心で，重力の矢印と同じ長さで逆向きの矢印をかく。ⓒコードが電球を引く力とつり合っているのは，電球にはたらく重力である。作用点は電球の中心で，コードが電球を引く力の矢印と同じ長さで逆向きの矢印をかく。

❼(1)2力がつり合う3つの条件をすべて満たしているのは，Aだけである。

(2)Bは2つの矢印が一直線上で逆向きになるが，左の矢印のほうが長い，つまり左向きの力のほうが大きいので，左向きに動く。

❽(1)①摩擦力は，物体を押す力と反対向きに，物体と机がふれ合う面からはたらく力であるから，Bの矢印である。

②垂直抗力（抗力）は，机の面から物体に対して垂直に，重力と同じ大きさではたらく。

(2)重力とつり合っているのは，垂直抗力である。

出題傾向

単子葉類と双子葉類の葉脈や根のようすがよく
問われる。植物の分類では，分類するときの観
点（ふえ方，子房の有無，子葉の数，花弁のよう
すなど）を整理してしっかり身につけておこう。

定期テスト予想問題
〈解答〉　p.110～127

p.110～111　　予想問題 1

❶ (1)A花弁　Bめしべ　Cおしべ　Dがく
　　E子房　F胚珠
　(2)被子植物　(3)⑦，㋓，㋕　(4)E：G　F：H
　(5)めしべの柱頭に花粉がつくこと。

❷ (1)⑦　(2)⑦
　(3)(マツの花には)子房がないから。

❸ (1)ⓐ主根　ⓑ側根　(2)ひげ根　(3)⑦

❹ (1)①裸子植物　②被子植物　③単子葉類
　　④双子葉類　⑤合弁花類　⑥離弁花類
　(2)A⑦　B⑦　C⑦　D㋓

❺ (1)胞子　(2)①⑦，⑦，㋓　②⑦，⑦，㋓

考え方
❶(3)スギ，イチョウ，マツは裸子植物，イヌ
　　ワラビはシダ植物である。
　(4)成長すると，子房（E）は果実（G）になり，
　　胚珠（F）は種子（H）になる。
　(5)「どのようなこと」とあるので，文末は「～
　　こと。」とする。
❷(1)マツの雌花Aは枝の先端につく。雌花の
　　りん片Cには胚珠ⓐがあり，雄花Bのり
　　ん片Dには花粉のうⓑがある。
　(2)花粉が胚珠につく（受粉）と種子になる。
　(3)「子房」がキーワードである。裸子植物に
　　は子房がないので果実ができない。
❸(2)，(3)スズメノカタビラはひげ根をもつの
　　で，単子葉類である。ツツジ，ナズナ，
　　アサガオは双子葉類で，根は主根とそこ
　　から枝分かれした側根からなる。
❹(1)種子植物のうち，子房がないのが裸子植
　　物，子房があるのが被子植物である。被
　　子植物のうち，単子葉類は子葉が1枚，
　　双子葉類は子葉が2枚である。双子葉類
　　のうち，花弁がくっついているのが合弁
　　花類，1枚1枚離れているのが離弁花類
　　である。
❺(2)イヌワラビはシダ植物，ゼニゴケはコケ
　　植物である。

p.112～113　　予想問題 2

❶ (1)草食動物　(2)A　(3)横向き
　(4)広範囲を見わたせるので，肉食動物が近づ
　　いてきても，早く知ることができる。
　(5)①ⓑ　②ⓐ　③ⓓ　④ⓒ

❷ A⑦　B㋓　C⑦　D㋑

❸ (1)番号：④　内容：卵生，番号：⑧
　　内容：肺，番号：⑬　内容：うろこ
　(2)③卵生　⑩肺　⑭羽毛
　(3)子はえら（と皮膚）で呼吸し，親は肺（と皮
　　膚）で呼吸する。

❹ (1)①背骨をもたない。
　　②無脊椎（無セキツイ）動物
　(2)①節足動物　②A，B，D　③A，D
　(3)①軟体動物　②C　③外とう膜

考え方
❶(4)見える範囲についてもふれておくこと。
　(5)ⓐは門歯，ⓑは臼歯，ⓒは犬歯，ⓓは臼
　　歯である。
❷フナは魚類，イモリは両生類，カナヘビ
　はは虫類，ペンギンは鳥類，ウサギは哺乳類
　である。
❸(1)，(2)魚類，両生類，は虫類，鳥類は卵生，
　　哺乳類は胎生である。魚類は一生えらで
　　呼吸し，は虫類，鳥類，哺乳類は一生肺
　　で呼吸する。魚類とは虫類の体表はうろ
　　こ，両生類の体表は湿った皮膚，鳥類の
　　体表は羽毛，哺乳類の体表は毛でおおわ
　　れる。
❹Aはダンゴムシ，Bはバッタ，Cはイカ，
　Dはエビ，Eはクラゲ，Fはミミズである。
　(2)③エビやカニ以外に，ダンゴムシやミジ
　　ンコも甲殻類である。

❶ (1)水　(2)白くにごった。　(3)二酸化炭素
(4)有機物　(5)A⑦　B⑨　C⑦

❷ (1)①15.0 cm³　②40.5 g　(2)金属
(3)2.70 g/cm³　(4)アルミニウム

❸ (1)A空気(の量)　Bガス(の量)
(2)A，Bのねじが軽くしまっているか確認する。
(3)ねじ：A　向き：ⓑ

❹ (1)二酸化炭素　(2)水素
(3)方法１：石灰水を入れ，よく振る。
　方法２：マッチの火を近づける。
(4)C
(5)塩化アンモニウム，水酸化カルシウム
(6)A
(7)アンモニアは水にとけやすく，空気より密度が小さいから。
(8)(赤色のリトマス紙が)青色に変わる。

考え方
❶(1)～(4)炭素をふくむ物質を有機物といい，燃えると二酸化炭素を発生する。また，多くの有機物は水素もふくんでおり，燃えると二酸化炭素のほかに水も発生する。
(5)砂糖とデンプンは有機物であり，燃えると二酸化炭素を発生する。また，砂糖と食塩は水にとけるが，デンプンは水にほとんどとけない。したがって，燃えず水にとけるAが⑦の食塩，燃えて水にとけないBが⑨のデンプン，燃えて水にとけるCが⑦の砂糖であると考えられる。

❷(1)①165.0 cm³ － 150.0 cm³ ＝ 15.0 cm³
②500 mg＝0.5 gであるから，
　20 g＋20 g＋0.5 g＝40.5 g
(2)結果３より，電気を通し，特有の光沢があるので，金属であると考えられる。
(3)密度は１cm³あたりの物質の質量であるから，
　40.5 g÷15.0 cm³＝2.70 g/cm³
(4)密度は物質の種類によって値が決まっている。表より，密度が2.70 g/cm³であるのは，アルミニウムとわかる。

❸(1)，(2)元栓を開ける前に，空気調節ねじA，ガス調節ねじBが軽く閉まっている状態になっていることを確認する。

(3)黄色い炎のときは空気の量が不足しているので，ガス調節ねじBは動かさないようにして，空気調節ねじAをゆるめる(ⓑの方向に回す)。

❹(1)二酸化炭素の発生方法は，石灰石にうすい塩酸を加える方法のほか，炭酸水素ナトリウムに酢酸を加える方法などがある。
(2)亜鉛や鉄などの金属にうすい塩酸を加えると，水素が発生する。
(3)二酸化炭素は石灰水を白くにごらせること，水素は火をつけると音を立てて燃えることで確認できる。
(4)二酸化マンガンにうすい過酸化水素水を加えると，酸素が発生する。酸素は水にとけにくいので，水上置換法で集める。
(5)アンモニアは，アンモニア水を加熱して発生させる方法もある。
(6)，(7)アンモニアは水に非常にとけやすく，空気より密度が小さいので，上方置換法で集める。
(8)アンモニアの水溶液はアルカリ性を示すので，赤色のリトマス紙につけるとリトマス紙が青色に変わる。また，フェノールフタレイン(溶)液を加えると赤色に変化する。

出題傾向
実験に関する出題が多いので，教科書で実験器具やその操作方法は確認しておく。特にガスバーナーの使い方や気体の発生に関する実験は問われやすい。
計算問題としては，物質の密度を求める計算が出題される。単位に注意して計算しよう。
有機物に共通する性質，金属に共通する性質，おもな気体の性質については，しっかりとおさえておこう。

❶ (1)右図　(2)⑨
(3)20 %
(4)150 g

❷ (1)①⑦　②⑦
(2)再結晶
(3)37.2 g　(4)24 %　(5)ⓑ

❸ (1)出てきた蒸気(気体)を冷やして液体にする
はたらき。
(2)出てくる蒸気(気体)(の温度)　(3)ⓐ
(4)A　(5)エタノール　(6)蒸留　(7)沸点

❹ (1)塩化ナトリウム，鉄，パルミチン酸
(2)エタノール

考え方

❶ (1)砂糖が完全にとけると，粒子は水の中に
一様に広がり，水溶液の濃さは均一にな
る。このとき，砂糖がとけて見えなくなっ
ても，粒子の数はふえたり減ったりしない
ので，はじめ(図A)の粒子の数と同じ数(9
個)の粒子を，均一に散らばった状態にかく。

(2)一度水にとけると，そのまま放置しておい
ても，温度と水の量が変わらなければ，粒
子が底に沈んだり，表面に浮かんできたり
することはない。

(3)質量パーセント濃度〔%〕

$$=\frac{溶質の質量〔g〕}{溶媒の質量〔g〕+溶質の質量〔g〕}\times100$$

$$=\frac{30\ g}{120\ g+30\ g}\times100=20$$

よって，20 %

(4)濃さを半分にすると，10 %となる。加
える水の量を x〔g〕とすると，

$$\frac{30\ g}{120\ g+x+30\ g}\times100=10$$

$$x=150\ g$$

❷ (1)グラフより，50 ℃の水 100 g に塩化ナ
トリウムは約 37 g，硝酸カリウムは約
84 g とける。したがって，50 g の塩化
ナトリウムをとかすと，約 13 g とけ残
り，50 g の硝酸カリウムはすべてとける。

(2)水溶液の水を蒸発させたり，温度を下げ
たりして，水溶液中にとけている物質を
再び結晶としてとり出すことを再結晶と
いう。硝酸カリウム水溶液は，温度によ
る溶解度の変化が大きいので，温度を下
げることでも結晶をとり出すことができ
る。

(3)80 ℃の水 100 g には，硝酸カリウム
68.8 g はすべてとけている。20 ℃の水
100 g にとける硝酸カリウムは，グラフ
より 31.6 g なので，20 ℃まで冷やした
とき出てくる結晶の量は，

68.8 g－31.6 g＝37.2 g

(4)20 ℃では，水 100 g に硝酸カリウム
31.6 g がとけているので，この水溶液の
質量パーセント濃度は，

$$\frac{31.6\ g}{100\ g+31.6\ g}\times100=24.0\cdots$$

小数第1位を四捨五入して，24 %となる。

(5)塩化ナトリウムの結晶は，立方体の形を
している。

❸ (1)沸騰して出てきた蒸気(気体)は，ビーカー
の水で冷やされて液体に状態変化する。

(2)出てくる蒸気の温度をはかるために，温
度計の液だめを枝の高さにする。

(3)混合物では，沸騰がはじまっても一定の
温度にはならず，ゆるやかに温度が上が
り続けていき，沸点は決まった温度には
ならない。また，温度変化のしかたも混
合する物質の割合によって変わる。

(4)，(5)最初に集められた試験管Aにはエタ
ノールが多くふくまれ，最後に集められ
た試験管Cには水が多くふくまれる。純
物質(純粋な物質)のエタノールは燃える
と青い炎を上げる。

(6)，(7)蒸留を利用すると，混合物中の物質
の沸点のちがいにより，目的の物質を分
離することができる。

❹ (1)20 ℃で固体である物質は，融点が 20 ℃
以上の物質である。

(2)0 ℃で液体，100 ℃で気体であるので，
融点は 0 ℃以下，沸点は 0 〜 100 ℃の間
である。これにあてはまるのは，エタノー
ルのみである。

出題傾向

水溶液の性質では，質量パーセント濃度を求め
る問題がよく出題される。「溶液＝溶媒＋溶質」
であることを理解し，計算練習をしておこう。
また，溶解度と温度との関係に関する出題も多
い。溶解度曲線の読み方，再結晶の方法などを
おさえておこう。
状態変化では，3つの状態と体積・質量の関係，
沸点・融点について理解しておく。物質の沸点
のちがいを利用した蒸留の問題もよく出題され
る。蒸留の実験の注意点も確認しておこう。

❶ (1)露頭　(2)①海(海底)　②隆起
　(3)粒の大きさ(直径)
　(4)大きな力を受けて波打つように曲がった地層。
❷ (1)初期微動　(2)震央　(3)ⓒ
　(4)この地震の地点Xと地点Yの震央距離は等しく，地点Zの震央距離はこれよりも長いから。
❸ (1)初期微動継続時間　(2)⑦
　(3)X　(4)①7km/s　②3.5km/s
　(5)20秒後
❹ (1)⑦　(2)⑦　(3)活断層　(4)津波
　(5)震源が浅いと，震源距離が短くなるから。

考え方

❶(2)海底で堆積した地層が陸上にあるのは，大地が隆起したからである。
　(3)粒の大きさが2mm以上のものをれき，$\frac{1}{16}$～2mmを砂，$\frac{1}{16}$mm以下を泥という。
　(4)文末は，「～地層。」とする。
❷(3)地震の波は同心円状に伝わるので，震央距離が等しい地点には同じ時刻に波が到着する。
　(4)理由を答えるので，文末を「～から。」「～ので。」とする。
❸(2)P波のほうがS波より速い。初期微動継続時間はP波の到着時刻とS波の到着時刻の差なので，震源距離が長くなるほど，初期微動継続時間が長くなる。
　(3)P波のほうがS波よりも速いので，グラフの傾きが大きくなる。
　(4)① $\frac{70km}{10s}$ = 7km/s
　　② $\frac{70km}{20s}$ = 3.5km/s
❹(2)図中の震源は，50kmより深い場所にもある。マグニチュードは，どれも3.0以上ということだけわかる。
　(5)ふつう震源から近いところほど震度は大きくなる。

地震計の記録から地震のゆれとその伝わり方や地震が起こるしくみを問う問題がよく出題される。また，P波・S波の伝わる速さや震源からの距離，初期微動継続時間に関する計算問題にも注意しよう。

❶ (1)マグマ　(2)A　(3)⑦
　(4)マグマが固まるときに，とけていた気体が火山ガスとなってぬけたためできた。
　(5)⑨
❷ (1)火山灰をつくったマグマの性質がちがうから。
　(2)⑦，⑨
❸ (1)C，B，A　(2)C　(3)⑨　(4)A
❹ (1)A斑状組織　B等粒状組織
　(2)チョウ石，セキエイ　(3)B
　(4)ⓐ斑晶　ⓑ石基
　(5)Aはマグマが地表または地表近くで急に冷やされてできたが，Bはマグマが地下深くでゆっくり冷やされてできた。
　(6)A火山岩　B深成岩　(7)A
　(8)マグマだまり　(9)A：X　B：Y

考え方

❶(2)Bは軽石，Cは火山灰，Dは火山れきである。火山弾は，ふき飛ばされたマグマが空中や着地時に特徴的な形を示すようになったものである。
　(3)火山ガスはおもに水蒸気で，二酸化炭素や硫化水素などもふくまれる。
❷(1)マグマの性質がちがうことが書かれていればよい。
　(2)火山灰Aのほうが火山灰Bより白っぽいので，白色や無色の鉱物が多い。
❸(1)マグマのねばりけが大きく流れにくいと，溶岩が広がりにくく，傾斜が急で盛り上がった形の火山になる。
　(2)マグマのねばりけが大きいほど，爆発的な噴火になることが多い。
　(3)桜島はBのような形，マウナロアはAのような形をしている。
　(4)マグマのねばりけが小さいほど，噴出する溶岩が黒っぽい。

④(3)チョウ石やセキエイのような白色や無色の鉱物を多くふくむほど，白っぽい。

(5)できた場所とマグマが冷える速さについて説明する。

(7)安山岩（あんざんがん）は火山岩である。

(9)火山岩は，地表または地表近くで急に冷やされるために斑状組織（はんじょうそしき）をもつ。深成岩は，地下深くでゆっくり冷やされるために等粒状組織（とうりゅうじょうそしき）をもつ。

出題傾向

火山岩と深成岩のでき方とつくり，色，種類などを整理してじゅうぶんに身につけておこう。マグマのねばりけと火山の形や噴火のようすに関してもよく出題される。

---

p.122〜123　予想問題 7

① (1)風化　(2)①侵食　②堆積　(3)Aⓐ　Bⓘ
(4)ⓒ，ⓑ，ⓐ

② (1)E　(2)粒の大きさ（直径）　(3)ⓐ
(4)１．うすい塩酸をかけると，石灰岩からは泡が出るが，チャートは変化が見られない。
２．チャートは鉄くぎで表面に傷がつかないが，石灰岩は傷がつく。

③ (1)示準化石　(2)Aⓒ　Bⓘ
(3)限られた時代に生存していた生物の化石。

④ (1)柱状図　(2)凝灰岩
(3)鍵（かぎ）層
(4)火山の噴火のとき，火山灰は広い範囲にほぼ同時期に降り積もるから。
(5)西
(6)右図

〔m〕　0　　　　　D
地表からの深さ
10
20
30
40
50
60

考え方

①(3)山地から平野になるところに，土砂が扇状（おうぎ）に広がって堆積（たいせき）した地形を扇状地（せんじょうち）という。河口付近は，水の流れが非常に遅（おそ）く，堆積がさかんに行われ，三角州（さんかくす）とよばれる三角形の地形ができる。

②(1)ふつう，下にある地層のほうが古い。
(3)堆積するものがれき→砂（すな）→泥（どろ）とだんだん粒（つぶ）が小さくなっているので，水の深さがしだいに深くなったと考えられる。

---

(4)方法だけでなく，結果についても書いておくこと。

③(2)Aはビカリア，Bはアンモナイトの化石。
(3)「どのような生物の化石か。」とあるので，「〜生物の化石。」と答える。

④(2)凝灰岩（ぎょうかいがん）は火山灰（ばい）が堆積したものである。火山灰は空中から降（ふ）り積もるので，流れる水のはたらきを受けないため，角ばっている。
(4)理由を書くので，文末は「〜から。」「〜ため。」とする。
(5)凝灰岩の層の上の面の標高（そう）は，A地点は 80−25＝55 m，B地点は 100−35＝65 m，C地点は 70−15＝55 m なので，南北方向は傾（かたむ）いていないが，西に低くなっていることがわかる。
(6)D地点の凝灰岩の層の標高はB地点と同じなので，凝灰岩の層の上面の地表からの深さは，90−65＝25 m である。

出題傾向

柱状図（ちゅうじょうず）から地層（ちそう）のつながりを問う出題や示準化石（しじゅんかせき）から地質年代を問う問題がよく出題される。堆積岩の特徴（とくちょう）も整理しておこう。

---

p.124〜125　予想問題 8

① (1)
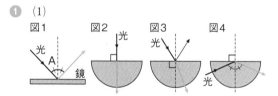
図1　図2　図3　図4
(2)角A　(3)（光の）屈折　(4)全反射

② (1)
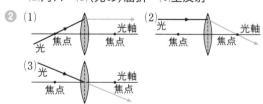
(3)

③ (1)虚像　(2)ⓑ

④ (1)0.0025 秒　(2)400 Hz
(3)①同じ大きさで，より高い音が出た。
②ⓐ

⑤ (1)2380 m　(2)5 秒

　(3)音の伝わる速さは，光の伝わる速さよりもはるかに遅いから（光は瞬間的に伝わるが，音は伝わるのに時間がかかるから）。

考え方

❶ 図１：境界面に対し垂直な直線と，入射光，反射光の間の角度が，入射角（図１の角Ａ），反射角である。入射角と反射角が等しくなるようにかき入れる（光の反射の法則）。図２：境界面に垂直に入射した光は直進する。図３：空気からガラスへ進む光だから，屈折角は入射角より小さくなるようにかき入れる。図４：光は境界面ですべて反射する場合である（全反射）。入射角と反射角は等しくなるようにかき入れる。

❷ (1)焦点を通って凸レンズに入った光は，屈折した後，光軸に平行に進む。

　(2)光軸に平行に凸レンズに入った光は，屈折した後，反対側の焦点を通る。

　(3)凸レンズの中心を通った光は，そのまま直進する。

❸ (1)，(2)虫眼鏡の凸レンズによって，実物と同じ向きの虚像ができるのは，物体を焦点の内側の位置に置いたときである。

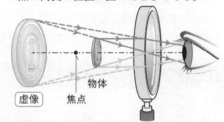

虚像　焦点　物体

❹ (1)図２では，0.010 秒間に４回振動しているから，１回振動するのにかかる時間は，

0.010 s ÷ 4 = 0.0025 s

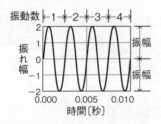

振動数　振れ幅　振幅　時間〔秒〕

　(2)振動数とは，１秒間に振動する回数だから，

1 ÷ 0.0025 = 400

よって，400 Hz

---

　(3)弦の長さが短くなるので，振動数が多く（大きく）なって高い音になる。

	振動数 少	振動数 同	振動数 多
振幅 小	ⓓ	ⓑ	
振幅 同	ⓒ		ⓐ

⑤ (1)距離＝速さ×時間より，

　　340 m/s × 7 s = 2380 m

　(2)1700 m ÷ 340 m/s = 5 s

　(3)光の速さは約 30 万 km/s なので，光は発生したのとほぼ同時に，人の目に届いている。その後，約 340 m/s の速さで音が遅れて人の耳に届くため，音が聞こえるまで時間がかかる。

出題傾向

光による現象では，光の反射・屈折による光の進み方を作図できるようにしておく。なかでも，凸レンズによってできる像を作図させる出題が多い。光が空気から水（ガラス），水（ガラス）から空気に進むときの入射角と屈折角の大小はまちがえやすいので，しっかりおさえておこう。全反射，実像と虚像のちがいも重要なポイントである。

音による現象では，音の大きさや高さと物体の振動との関係を，オシロスコープの波形から読みとる問題がよく出題される。音の速さに関する計算問題もしっかり練習しておこう。

p.126〜127　予想問題 ❾

❶ (1)　O　3cm

　(2)　O　2.5cm

　(3)　O　2cm

❷ (1)誤差

(2)右図

(3)(ばねののびは)力の大きさに比例している。

(4)フックの法則

(5)18 cm

(6)500 g　(7)500 g

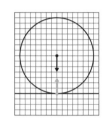

[cm]
ばねののび
12
10
8
6
4
2
0
0　1　2　3　4
力の大きさ〔N〕

❸ (1)右図

(2)摩擦力

(3)右図

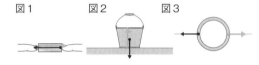

物体

(1) 2.5cm

(3) 2.5cm

机

❹ (1)垂直抗力(抗力)

(2)右図

❺ (1)①図2　②重力

(2)下図

図1　　図2　　図3

考え方 ❶(1)点○より下向きに3cmの矢印をかく。

(2)点○より下向きに2.5cmの矢印をかく。

(3)点○より下向きに2cmの矢印をかく。

❷(1), (2)グラフの線を引くときは, 誤差があることを考える必要があるので, 単純に折れ線で引いてはいけない。ものさしの辺の上下に点が同じぐらいに散らばるように, 直線を引く。

(3), (4)グラフは原点を通る直線になるので, 比例のグラフであり, ばねののびは力の大きさに比例している。これをフックの法則という。

(5)グラフより, このばねは2.0Nの力を加えると6cmのびる。したがって, 6.0Nの力を加えると, ばねののびも3倍になるから,

6 cm×3＝18 cm

(6)15 cmのばすときに加える力をx〔N〕とすると,

2 N：x＝6 cm：15 cm

6×x＝2×15 より, x＝5 N

100 gの物体にはたらく重力の大きさが1 Nであるから, 5 Nの重力がはたらくおもりの質量は, 100 g×5＝500 g

(7)物体の質量は, 場所が変わっても変わらないので, 500 gである。

❸(1)物体に手が加えた力の矢印は, 側面の力を加えたところを作用点とし, 右向きに2.5 cmの長さでかく。

(2), (3)物体に加えた力とつり合う力(摩擦力)は, 物体と机がふれ合っている面の中心を作用点とし, 動こうとする向きとは反対向き(左向き)に, 加えた力と同じ大きさを表す2.5 cmの長さでかく。

❹(1), (2)重力とつり合う力(垂直抗力)は, 水平面から小球にはたらく。その力は重力とは反対向き(上向き)に, 重力と同じ長さでかく。

❺(1)図2はバケツにはたらく重力で, 力を加えている地球と, 力を受けているバケツとは離れている。

(2)2つの力の矢印が, 長さが同じで反対向きになるようにかく。作用点に注意する。図1は, もう一方の指と木片のふれ合っている点, 図2はバケツと床がふれ合う面の中心, 図3は, リングとひものふれ合っている部分の中心が, それぞれ作用点になる。

出題傾向

力による現象では, 力を矢印で表す作図問題, 力の大きさとばねののびの関係(フックの法則)がよく出題される。重力, 垂直抗力, 摩擦力といった力の種類もしっかりおさえておく。また, 力のつり合いでは, つり合っている2つの力を見つけ, 矢印と言葉の両方で表せるようにしておこう。

A